COURS

DE

MÉCANIQUE

F. Aureau. — Imprimerie de Lagny.

COURS COMPLET

D'ENSEIGNEMENT

LITTÉRAIRE ET SCIENTIFIQUE

A L'USAGE

DE TOUS LES ÉTABLISSEMENTS D'INSTRUCTION PUBLIQUE

PAR MM.

F. DELTOUR
Docteur ès lettres, ancien professeur de rhétorique, inspecteur général de l'instruction publique.

H. FABRE
Ancien professeur de sciences au lycée et aux écoles municipales d'Avignon. Docteur ès sciences.

COURS DE MÉCANIQUE

Par H. FABRE

ANCIEN PROFESSEUR DE SCIENCES
AU LYCÉE ET AUX ÉCOLES MUNICIPALES D'AVIGNON
DOCTEUR ÈS SCIENCES

AVEC FIGURES DANS LE TEXTE

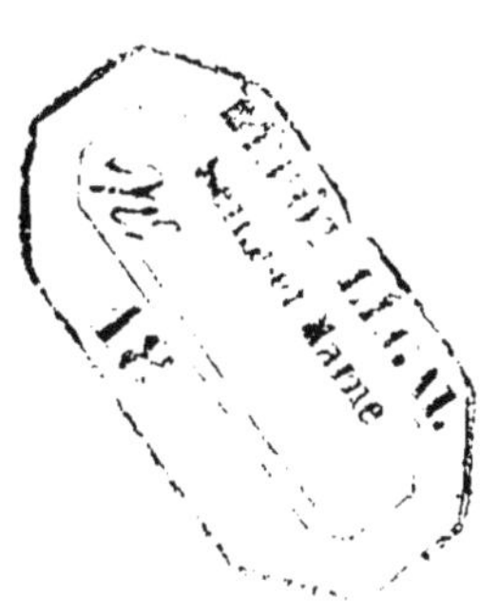

PARIS
LIBRAIRIE CH. DELAGRAVE
15, RUE SOUFFLOT, 15

1880

COURS DE MÉCANIQUE

PREMIÈRE PARTIE

ÉLÉMENTS DE STATIQUE

CHAPITRE I

PRÉLIMINAIRES

1. Définitions. — Le *mouvement* est l'état d'un corps qui change de position dans l'espace. Nous jugeons de son déplacement par sa distance à certains points considérés comme fixes, distance qui varie d'un moment à l'autre. L'état contraire est le *repos*.

Le repos peut être *absolu* ou *relatif*. Il est absolu lorsque le corps occupe constamment le même lieu de l'espace; il est relatif, si le corps n'est immobile que par rapport à des points de comparaison réputés eux-mêmes fixes. Il n'existe peut-être pas dans la nature une molécule matérielle qui soit en repos absolu; tout se meut en réalité; et les exemples de repos que nous avons continuellement sous les yeux rentrent tous dans le domaine du repos relatif. Un bloc de rocher qui gît inébranlable sur le sol depuis un temps indéfini, conserve une invariable position par rapport aux divers objets qui l'entourent de près ou de loin, et eux-mêmes en apparence immobiles. Mais ce n'est là qu'un repos relatif, car ce bloc et les objets auxquels on compare sa position, se déplacent réellement dans l'étendue : ils participent à la rotation de la Terre autour de son axe, à sa translation autour du Soleil, et à d'autres mouvements encore.

Malgré cette universalité du mouvement, les conceptions de l'esprit, corroborées par l'expérience de chaque jour, considèrent la matière comme impuissante à sortir par elle-même de l'état de repos. En dehors des êtres animés, dont le moteur est la vie, jamais bloc de matière ne s'est mis, sous nos yeux, à se mouvoir de lui-même; c'est là un fait primordial dont témoignent toutes les observations. Pour qu'un corps quitte le repos et se meuve, il faut le concours d'un agent extérieur, agent qui prend le nom de *force* et peut se définir ainsi : *La force est tout ce qui produit ou tend à produire du mouvement.*

La pesanteur, par exemple, est une force, car un corps soulevé puis abandonné à lui-même, retombe, c'est-à-dire se meut. Toutefois, la force peut agir sans qu'il y ait mouvement produit. Le corps pesant, s'il repose sur un appui, ne tombe quoique toujours sollicité par la pesanteur. Dans ce cas, la force s'exerce bien toujours sur le corps, mais il n'y a pas de chute, il n'y a pas de mouvement, à cause de l'obstacle de l'appui. Que cet obstacle disparaisse et la chute aura lieu. La force se traduit ici par une simple tendance au mouvement, par une pression sur l'obstacle.

Cet exemple nous montre encore que le repos peut avoir lieu de deux manières : d'abord parce que aucune force n'agit sur le corps considéré; et, en second lieu, parce que les forces en action ont leurs effets détruits soit par des obstacles invincibles, soit par des forces contraires. Dans ce second cas, l'état de repos du corps est désigné par le mot d'*équilibre*. Si l'on considère que tous les objets terrestres sont soumis au moins à la pesanteur, on verra qu'il n'existe pas de corps en repos par l'absence de toute force agissante; et que le repos observé est toujours un état d'équilibre.

La *mécanique* est la science qui traite du mouvement et de ses causes, les forces. Elle se subdivise en *statique*, *cinématique* et *dynamique*.

La *statique* s'occupe des rapports en grandeur et en direction que les forces doivent avoir entre elles pour s'annuler mutuellement, ou, comme on dit, *se faire équilibre*, de manière que le corps qu'elles sollicitent persiste dans le repos.

La *cinématique* étudie le mouvement en lui-même, c'est-à-dire la forme du trajet suivi, la durée du parcours, la vitesse du mobile, sans se préoccuper des causes qui ont produit le mouvement et pourraient le reproduire.

La *dynamique* a pour objet les causes du mouvement, et recherche sous l'action de quelles forces un corps prendra un mouvement déterminé.

2. Notions sur les forces. — Que se passe-t-il dans un corps qui sort du repos pour entrer en mouvement? Quelle est la nature des forces? A ces questions ardues, l'esprit humain n'a pu encore trouver de réponse. En leur essence, les forces nous échappent; nous ne pouvons juger que de leurs effets. Heureusement la mécanique n'a pas à remonter à ces problèmes, objet de controverse philosophique; les forces ne lui importent que par leurs effets, les mouvements produits, quantités susceptibles de mesure et par conséquent de calcul.

Rien de plus varié que les modes de manifestation de la force. Citons, pour nous borner à un petit nombre d'exemples, la puissance musculaire de l'homme et des animaux, la pesanteur cause de la chute des corps, le souffle des vents, le choc de l'eau courante, l'expansion subite des gaz formés par une substance explosive, la poussée de la vapeur dans le corps de pompe d'une machine. Voilà autant de forces qui, considerées en elles-mêmes, ne comportent pas de comparaison, tant elles sont étrangères l'une à l'autre; mais qui, considérées dans leurs effets, deviennent parfaitement comparables.

3. Condition d'égalité de deux forces. — D'abord il est évident que *toute force agit au point où elle est appliquée, suivant une certaine direction et avec une certaine intensité.*

Cela étant, supposons des forces, quelles qu'elles soient, agissant deux à deux et en sens contraire sur le même point matériel. Nous les dirons égales si mutuellement elles se détruisent, si enfin elles se font équilibre et laissent ainsi le point matériel en repos. De là cette définition : *Deux forces sont égales lorsque, appliquées en sens contraire, au même point matériel, elles se font mutuellement équilibre.*

4. Axiomes. — Nous admettrons comme *axiomes*, ou comme vérités dont l'évidence s'impose à l'esprit, les propositions suivantes :

Si deux forces quelconques agissent sur le même point matériel et dans la même direction, elles s'ajoutent ; de manière que le point matériel se comporte comme s'il était soumis dans cette direction à une force unique, dite *résultante*, égale à leur somme.

Si elles agissent sur le même point en sens contraire, les deux forces se retranchent; et le point matériel se comporte comme s'il était soumis, dans la direction de la plus grande, à une force unique ou *résultante,* égale à leur différence. Dans le cas de l'égalité des deux forces, la résultante ou différence est zéro ; et il y a équilibre.

De ces deux principes il résulte que *si autant de forces que l'on voudra agissent sur un même point les unes dans une direction et les autres dans la direction contraire, leur résultante est égale à l'excès de la plus grande somme sur la moindre, et agit dans le sens de cette plus grande somme.*

5. Evaluation numérique des forces. — De la condition d'égalité se déduit aisément l'évaluation numérique des forces, étant admis le premier des axiomes qui précèdent. — Prenons pour unité une force dont le choix est parfaitement arbitraire, et comparons-lui une autre force quelconque dont nous voulons obtenir l'évaluation numérique. Cette force sera 2, si, appliquée à un point matériel, elle fait équilibre à deux forces égales à 1, appliquées au même point et dans la direction opposée. — Elle sera 3, 4, etc., si elle fait équilibre à 3, à 4 forces égales à 1 appliquées en sens contraire. Et ainsi de suite. — Rien n'est donc plus simple que d'évaluer numériquement les forces, quelle que soit leur nature, lorsque choix est fait de l'unité de force, terme de comparaison.

6. Dynamomètre. — La force adoptée comme terme de comparaison est tout à fait arbitraire, néanmoins celle qui se prête le mieux aux applications est le *poids*. La comparaison des forces aux poids s'obtient au moyen d'un appareil nommé *dynamomètre*.

Concevons une lame élastique d'acier, un ressort ABC courbé en son milieu (fig. 1). Une pièce courbe, GH, est fixée à la branche CA du ressort et traverse librement la branche CB ; son extrémité inférieure se termine par un crochet H. Une pièce semblable DE est disposée en sens inverse, parallèlement à la première ; elle est fixée à la branche inférieure BC du ressort, et traverse la branche supérieure AC, en se terminant par un anneau E. Fixons le dynamomètre par son anneau à un point inébranlable, et suspendons un poids au crochet H. D'après la disposition de l'appareil, l'effet de ce poids sera de fléchir davantage le ressort, et d'en rapprocher les deux branches, d'autant plus que le poids suspendu sera lui-même plus considérable. Pour éviter une flexion trop forte, qui compromettrait l'élasticité de la lame d'acier, un arrêt ou talon met une limite au rapprochement des deux branches lorsque le

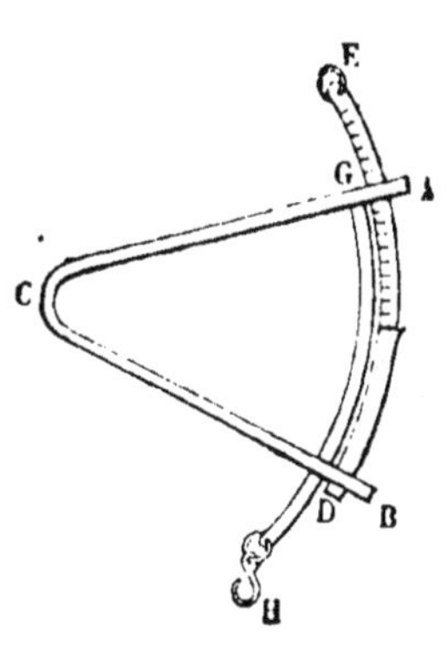

Fig. 1.

poids devient trop grand. La partie supérieure de la pièce BE fait davantage saillie hors de l'instrument à mesure qu'un poids plus fort agit en H; on peut donc y tracer des divisions qui indiqueront le poids suspendu. Faisons agir sur l'appareil, successivement, les poids d'un kilogramme, de deux, de trois, de quatre, etc.; et marquons sur EB un trait en chacun des points où s'arrêtera la branche AC. L'instrument ainsi gradué peut désormais servir à l'évaluation des poids; car si un corps suspendu en H fait fléchir le dynamomètre jusqu'à la division 10 par exemple, cela signifie qu'il pèse 10 kilogrammes, puisqu'il produit sur l'appareil le même effet, la même flexion, qu'un poids de 10 kilogrammes.

Bien d'autres dispositions sont usitées pour le dynamomètre. En voici une des plus simples. — Dans un cylindre de laiton, dont la face inférieure est armée d'un crochet, se trouve un ressort roulé en hélice (fig. 2). Une tige, munie d'un anneau, fait saillie supérieurement, traverse l'appareil suivant l'axe et se termine inférieurement par un disque contre lequel s'appuie le ressort. Celui-ci prend appui, d'autre part, contre la base supérieure du cylindre. L'effet d'un poids suspendu au crochet inférieur est ainsi de tendre davantage le ressort en rapprochant ses deux extrémités; ce qui amène une saillie plus grande de la partie supérieure de la tige. L'appareil est gradué comme précédemment.

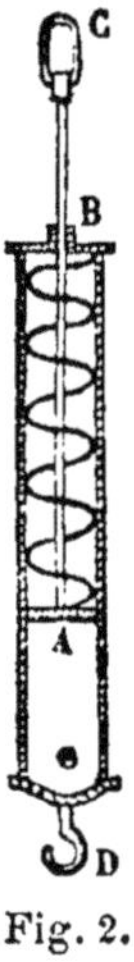

C B A D

Fig. 2.

Quelle que soit la disposition adoptée, on donne au ressort du dynamomètre une résistance en rapport avec les efforts à supporter. On comprend d'ailleurs que tel de ces appareils peut être disposé pour évaluer des grammes, et tel autre des kilogrammes ou des poids plus forts.

7. Comparaison des forces aux poids. — Le dynamomètre nous permet de comparer une force, n'importe sa nature, à un poids; et d'en assimiler les effets à ceux de la pesanteur. — Proposons-nous, comme exemple, de déterminer la force déployée par un cheval traînant un chariot. Entre l'animal et le fardeau tiré nous intercalons un dynamomètre, sur lequel s'exerce l'effort musculaire pour se transmettre après au chariot (fig. 3).

Fig. 3.

L'appareil indique supposons 70 kilogrammes. Nous dirons alors que la force développée par le cheval dans son travail de traction est de 70 kilogrammes ; et, bien qu'il n'y ait rien de commun entre l'énergie musculaire d'un animal et la pesanteur, nous pourrons cependant assimiler la première à la seconde sous le rapport de l'effet obtenu. Soit, en effet, un poids de 70 kilogrammes (fig. 4) qui, par l'intermédiaire d'une corde et

Fig. 4.

d'une poulie agit sur le dynamomètre d'abord et puis sur le fardeau. Le dynamomètre accusera encore 70 kilogrammes comme mesure de l'effort de traction ; et le poids de 70 kilogrammes remplacera, l'effet produit restant le même, la force musculaire du cheval. On peut ainsi, en prenant pour unité de force le kilogramme, remplacer par des poids telles forces que nous voudrons.

8. Représentation graphique des forces. — Les forces étant de la sorte rapportées à une unité commune, et par suite évaluées en nombre, il devient aisé de leur trouver une représentation graphique. Cette représentation sera une ligne droite, qui se prête très bien aux trois points de vue sous lesquels doit être considérée toute force, savoir : 1° le *point d'application*, 2° la *direction*, 3° l'*intensité*.

Le point d'application sera le point même où la droite prend origine ; la direction de la force sera la direction de la droite ; et son intensité sera représentée par la longueur proportionnelle de cette droite. Désormais nous représenterons donc les forces par des lignes droites proportionnelles en longueur à l'intensité respective de ces forces. Deux droites égales en longueur seront le symbole de deux forces égales ; une droite double, triple d'un autre, sera le symbole d'une force double, triple.

9. Axiome. — On admettra comme évident que *deux forces égales et contraires, appliquées à deux points liés par une droite invariable de longueur, se font équilibre si elles agissent dans la direction de cette droite.*

10. Théorème. — De cet axiome résulte qu'*on peut transporter le point d'application d'une force partout où l'on voudra sur la direction de cette force, pourvu que le nouveau point d'application soit lié au premier d'une manière invariable.*

Considérons, en effet, une force F appliquée au point A (fig. 5). Sur la direction de cette force prenons un point arbitraire B, invariablement lié au premier. Au point B appliquons les forces contraires F_1, et F_2, égales l'une et l'autre à F, et agissant dans la direction AB. Ces deux nouvelles forces ont un effet nul; elles se détruisent mutuellement comme étant égales et de direction opposée. Elles ne changent donc rien à la manière d'être du point A sollicité par F; et le corps n'éprouve aucune modification dans son état de repos ou dans son état de mouvement, soit qu'on les conserve, soit qu'on les supprime. — D'autre part, les forces F et F_2, appliquées en sens contraire aux deux extrémités d'une droite supposée invariable de longueur, se font à leur tour équilibre, et peuvent être supprimées. Il ne reste plus alors que la force F_1, sollicitant le corps absolument comme le faisait la force F.

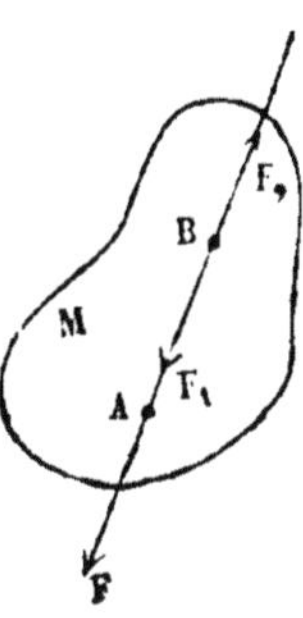

Fig. 5.

On remarquera que le nouveau point d'application B peut être choisi sur le prolongement de la force F en dehors du corps considéré, pourvu que ce nouveau point soit lié au premier, A, d'une manière invariable.

Il est fréquemment fait usage du théorème qui vient d'être démontré. Quand on changera ainsi le point d'application d'une force, on admettra toujours que le nouveau point est invariablement lié au premier sans qu'il soit nécessaire d'en prévenir.

11. Corollaires. — A une force P substituons un groupe de forces Q, S, T, etc., agissant sur le même point A et dans le même sens, et telles que leur somme soit égale à P. Au lieu de laisser tout le groupe appliqué en A, nous pouvons y laisser l'une des forces, Q par exemple, et appliquer S en un autre point B de la même direction, T en un troisième point C, toujours sur la même direction; et ainsi de suite. Les forces Q, S, T, ainsi réparties, auront le même effet que leur somme, la force P.

Réciproquement des forces Q, S, T, etc., agissant dans le même sens en différents points d'une droite, peuvent être remplacées par une force unique, égale à leur somme et agissant en tel point que l'on voudra de la même droite.

On voit aisément que ce principe peut être généralisé. A la force P, il est permis de substituer deux groupes Q, S, T, etc., et Q', S', T', etc., agissant l'un dans un sens, l'autre en sens opposé, et tels que leur différence soit égale à P. D'ailleurs le groupe de plus grande valeur doit avoir la direction de P. Chacune des forces de ces deux groupes sera ensuite appliquée en un point quelconque de la droite.

Inversement, à ces deux groupes, il est permis de substituer une force P égale à leur différence, agissant dans le sens du groupe de plus forte valeur, et appliquée en tel point que l'on voudra sur la même droite.

CHAPITRE II

COMPOSITION DES FORCES CONCOURANTES

1. Résultante et composantes. — Une force R capable du même effet que l'ensemble d'un certain nombre de forces A, B, C, etc., agissant soit sur un point matériel, soit sur un système de points liés entre eux, se nomme *résultante* de ces forces; inversement, les forces A, B, C sont dites les *composantes* de la force R.

Composer des forces entre elles, c'est en déterminer la résultante ; *décomposer* une force, c'est la remplacer par d'autres dont elle soit la résultante.

On peut toujours, à un ensemble quelconque de forces, substituer leur résultante ; on peut toujours aussi remplacer une force par d'autres dont elle serait la résultante.

Autant de forces que l'on voudra appliquées à un même point matériel ont toujours une résultante. Ce point, en effet, sous l'influence de ces forces, ou bien se meut, ou bien reste en repos. S'il se meut, il prend une direction unique, car un point évidemment ne saurait se déplacer à la fois suivant deux chemins différents. Il se comporte donc comme s'il obéissait à une force unique, *résultante* des autres, agissant dans cette direction. S'il reste en repos, il y a équilibre entre toutes les forces, et leur résultante est zéro.

Considérons en particulier le cas de deux forces P et Q, agissant à la fois sur le même point A (fig. 6). La force P agissant seule entraînerait le point suivant AP; Q à son tour l'entraînerait suivant AQ. Il est alors d'évidence que, sous l'influence simultanée des forces P et Q, le point prendra une direction intermédiaire entre AP et AQ, comme s'il obéissait à une force unique située dans le plan des deux forces et comprise dans l'angle P A Q. Ainsi la résultante de deux forces appliquées à un même point et agissant dans des directions qui ne sont pas les mêmes, est dans le même plan que ces deux forces et se trouve comprise dans l'angle que ces deux composantes forment entre elles.

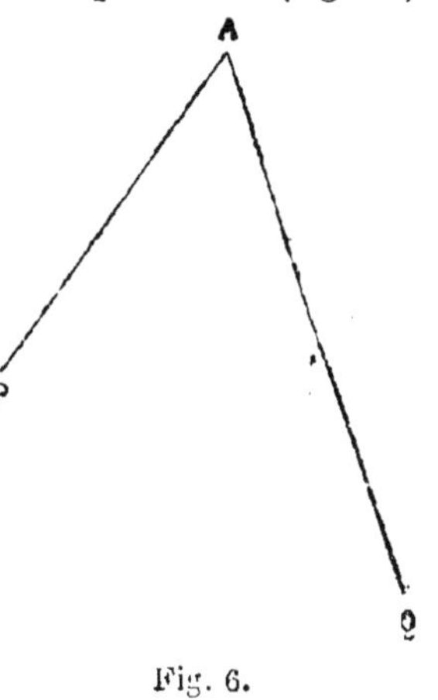

Fig. 6.

Dans le cas où les deux forces P et Q sont égales, la direction de la résultante se détermine aisément. Cette direction est celle de la bissectrice de l'angle, car il n'y a aucune raison pour que la résultante se rapproche d'un côté de l'angle plus que de l'autre côté, à cause de l'égalité des deux composantes. — Sur AB et AC (fig. 7), valeurs des deux forces égales P et Q, construisons un losange ABCD. La diagonale AD est la bissectrice de l'angle A. La résultante R a donc pour direction cette diagonale. Ainsi, *la résultante de deux forces égales appliquées à un même point est dirigée suivant la diagonale du losange construit sur ces deux forces.*

Fig. 7.

2. Lemme. — Deux forces P et Q appliquées au point A ont pour résultante R (fig. 8). En un point arbitraire de la direction R, en A' par exemple, appliquons deux forces P' et Q' égales et parallèles à P et Q. Ces deux nouvelles forces, égales aux premières et formant entre elles le même angle, auront une résultante R' égale à R et dirigée suivant la même droite. R' peut donc être considérée comme étant la résultante R dont le point d'application serait transporté de A en A'. On voit ainsi que les deux forces P' et Q' appliquées en A' produisent le même effet que les deux forces P et Q appliquées en A. Pareille chose pourrait se répéter pour un nombre quelconque de forces appliquées à un même point. Donc, *un système de forces appliquées à un point peut être transporté parallèlement à lui-même en un point arbitraire pris sur la direction de la résultante.*

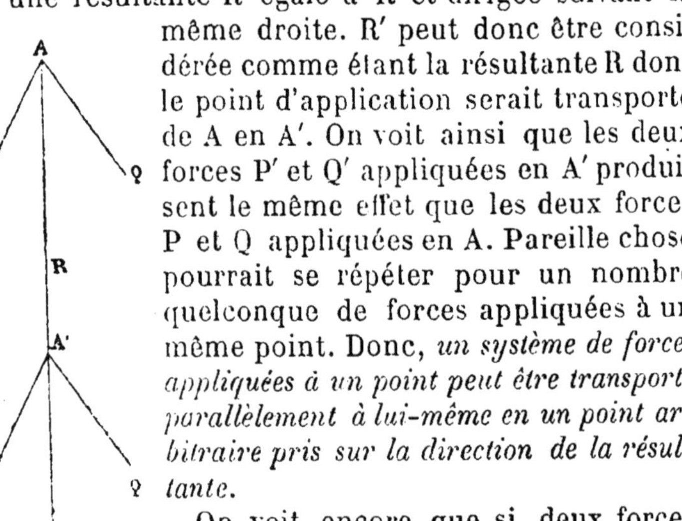

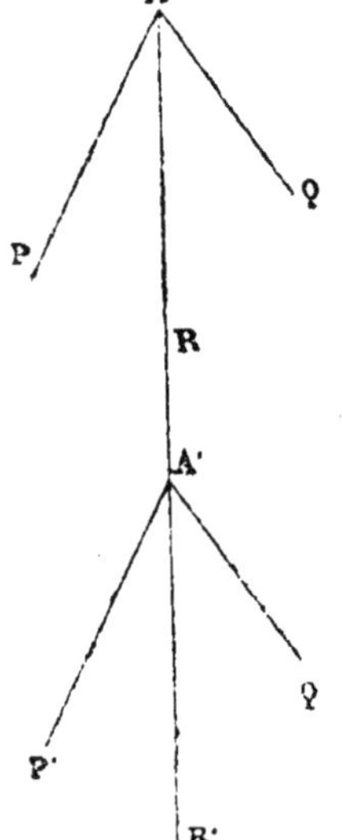

Fig. 8.

On voit encore que si deux forces P' et Q' égales et parallèles à P et Q produisent le même effet que ces dernières, leur point d'applicaton A' doit être quelque part sur la direction de la résultante R, sinon leur résultante R' aurait une direction différente et le chemin suivi ne serait pas le même.

3. Composition de deux forces appliquées à un même point. Direction de la résultante. — Soient les deux forces P et Q appliquées à un même point A (fig. 9). Admettons, pour préciser les idées, que ces deux forces aient une commune mesure contenue deux fois dans P et trois fois dans Q. Si nous portons sur la direction AP deux fois cette commune mesure, nous aurons AB valeur de P ; et si nous la portons trois fois sur la direction AQ, nous aurons AC valeur de Q. Sur AB et AC construisons le parallélogramme ABCD, et menons des parallèles par les points de division de AC et de AB. Nous décomposerons ainsi le parallélogramme en six losanges dont les diagonales seront sur le prolongement les unes des autres, comme l'indique la figure.

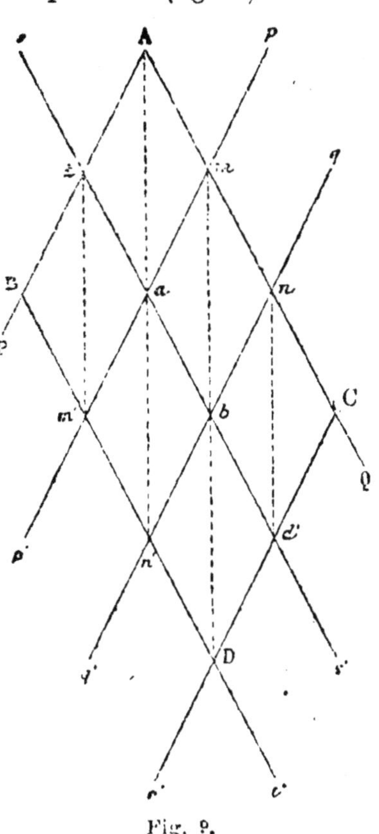

Fig. 9.

Maintenant remplaçons la force AC appliquée en A par les trois forces A*m*, *mn*, *n*C, appliquées aux points A, *m*, *n* ; et dont la somme vaut AC. Remplaçons de même la force AB par les deux forces A*d*, *d*B appliquées en A et *d*. Enfin, appliquons aux points de division *m*, *n*, *d* des forces égales et contraires, *ma* et *mp*, *nb* et *nq*, *ds* et *da*, qui, se détruisant deux à deux, ne changent rien à l'effet produit par les deux forces données P et Q. Ces forces auxiliaires, qui s'annulent mutuellement, sont prises égales à la commune mesure de P et de Q.

Ces modifications faites, considérons les deux forces dB et da agissant au point d. Elles sont égales, et par suite leur résultante est dirigée suivant dm' diagonale du losange. On peut alors transporter le groupe de ces deux forces parallèlement à lui-même de d en m' ; ce qui donne les forces $m'n'$ et $m'p'$.

Pareillement, le groupe des deux forces égales Ad et Am peut-être transporté parallèlement à lui-même de A en n', qui est sur la direction de la diagonale du losange et par conséquent sur la direction de la résultante. On obtient ainsi les deux forces $n'D$ et $n'q'$. Le groupe mn et ma est remplacé de même par Dt' et Dr' ; et le groupe nC, nb par $d's'$ et $d'D$.

Mais ds détruit $d's'$, puisqu'elles agissent en sens opposé aux deux extrémités d'une droite et dans sa direction. De même $m'p'$ détruit mp, et $n'q'$ détruit nq. Il reste ainsi d'une part les trois forces $m'n'$, $n'D$, Dt', constituant une force unique, égale et parallèle à AC, et que l'on peut supposer agissant en D. D'autre part, il reste les forces $d'D$ et Dr', représentant une force unique, égale et parallèle à AB, et que l'on peut considérer comme agissant en D. Ainsi l'effet des deux forces P et Q n'est pas changé si elles sont transportées parallèlement à elles-mêmes au sommet opposé du parallélogramme. Ce point doit, par conséquent, se trouver sur la direction de la résultante des deux forces lorsqu'elles sont appliquées en A.

Pareil raisonnement se répéterait, quel que fût le rapport de deux forces données. Donc : *la résultante de deux forces quelconques appliquées à un même point est dirigée suivant la diagonale du parallélogramme construit sur ces deux forces.*

4. Lemme. — Concevons un système quelconque de forces en équilibre. Si l'une d'elles, n'importe laquelle, est supprimée, le corps auquel ces forces sont appliquées se mettra en mouvement. Pour empêcher ce mouvement que faudra-t-il? Rétablir la force supprimée. Cette force qui s'oppose à l'effet de toutes les autres et l'annule, est donc égale et directement opposée à la résultante de toutes les autres. De là ce principe dont fréquemment il est fait usage :

Dans tout système de forces en équilibre, l'une quelconque d'entre elles est égale et directement opposée à la résultante de toutes les autres.

5. Composition de deux forces appliquées à un même point. Grandeur de la résultante. — Soient les deux forces P et Q appliquées en M (fig. 10). Si sur MC et MD, valeur de ces forces, nous construisons le parallélogramme MCOD, nous savons que la résultante R est dirigée suivant la diagonale MO; mais nous ignorons encore la valeur de cette résultante. Quelle que soit cette valeur, supposons-la portée en R′, en sens inverse de R. Les trois forces P, Q, R′ se feront équilibre; et alors, d'après le lemme qui précède, l'une quelconque d'entre elles, Q par exemple, sera égale et directement opposée à la résultante des deux autres. Prenons donc, en sens inverse, MC′ égale à MC. La force Q′ de valeur connue est la résultante de P de valeur connue aussi, et de R′ de valeur inconnue. Cette dernière valeur peut se déduire des deux autres.

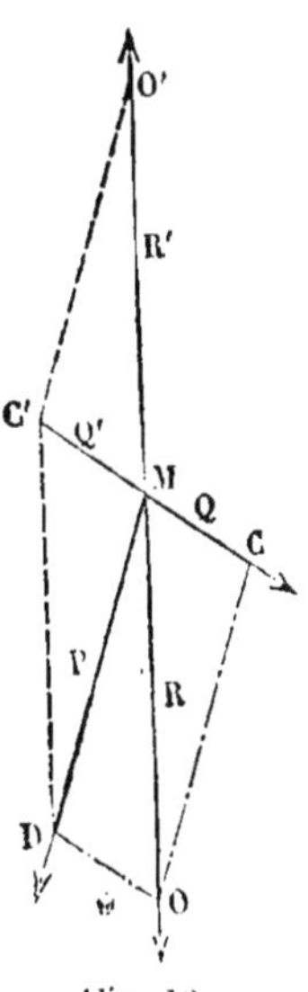

Fig. 10.

Remarquons que MC′, égal à MC et son prolongement, est égal et parallèle à DO, lui-même égal et parallèle à MC. Les deux côtés MC′ et DO étant ainsi égaux et parallèles, si nous joignons le point D au point C′, la figure ODC′M sera un parallélogramme, et DC′ sera parallèle à MO et par suite à son prolongement R′.

D'autre part, du point C′ menons C′O′ parallèle à DM. La figure DMO′C′ est ainsi un parallélogramme. Mais dans ce parallélogramme, MD est l'une des composantes tant en grandeur qu'en direction; MC′ est la résultante en grandeur et en direction aussi ; l'autre composante R′ ne peut donc avoir pour valeur que MO′, sinon la résultante Q′ ne suivrait plus la direction de la diagonale du parallélogramme construit sur les deux forces. Ainsi R′ a pour valeur MO′. Mais d'après la figure, on a MO′ = C′D = MO. Donc, la résultante R, dont la valeur est la même que celle de R′, est représentée en grandeur par MO. Ainsi : *la résultante de deux forces quelconques agissant sur un même point est représentée, en grandeur et en direction, par la diagonale du parallélogramme construit sur ces deux forces.*

6. Relations entre les deux composantes et leur résultante. — Si AB et AC représentent les valeurs des deux composantes F′ et F (fig. 11), la diagonale AD représente la valeur de leur résultante R; par conséquent, dans le triangle ABD, AB est la valeur de l'une des composantes; BD est la valeur de l'autre, et AD la valeur de la résultante. Mais dans un triangle, le rapport des côtés aux sinus des angles opposés est constant ; on a ainsi :

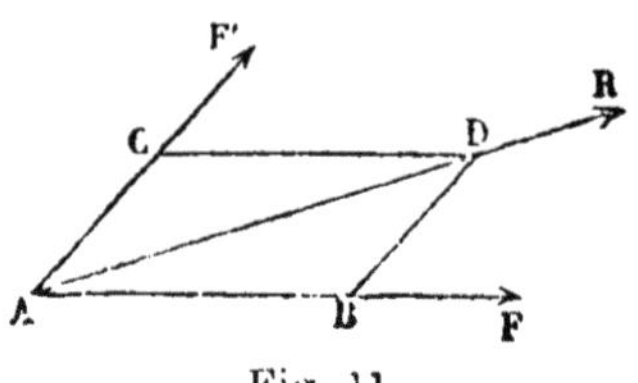

Fig. 11.

$$\frac{AB}{\sin BDA} = \frac{BD}{\sin BAD} = \frac{AD}{\sin DBA}$$

D'autre part BD = AC, BDA = CAD et DBA est le supplément de BAC. Les rapports précédents deviennent ainsi :

$$\frac{F}{\sin CAD} = \frac{F'}{\sin BAD} = \frac{R}{\sin BAC}$$

Le rapport entre chacune des forces F, F′, R, *et le sinus de l'angle compris entre les deux autres est donc constant.*

Le triangle ABD fournit encore :

$$\overline{AD}^2 = \overline{AB}^2 + \overline{BD}^2 - 2AB.BD.\cos ABD.$$

Les angles ABD et BAC étant supplémentaires, leurs cosinus sont égaux et de signe contraire. En représentant par A l'angle BAC compris entre les deux composantes, l'égalité qui précède devient donc :

$$R^2 = F^2 + F'^2 + 2\,FF'.\cos A \ (1).$$

Si l'angle A était nul, les deux forces agiraient dans le même sens et leur résultante serait égale à leur somme. C'est ce qu'exprime la formule (1); car si $A = 0$, $\cos A = 1$, et la formule devient :

$$R^2 = F^2 + F'^2 + 2\,FF' = (F + F')^2. \text{ D'où } R = F + F'.$$

Si l'angle A était de 180°, les deux forces agiraient en sens opposé et leur résultante serait égale à leur différence. Ce resultat est compris dans la formule (1). En effet, si $A = 180°$, $\cos A = -1$. On a ainsi :

$$R^2 = F^2 + F'^2 - 2\,FF' = (F - F')^2. \text{ D'où } R = F - F'.$$

7. Décomposition d'une force en deux autres appliquées au même point et dirigées suivant deux droites données. — La force R appliquée au point A a pour valeur AD (fig. 11), et l'on se propose de la remplacer par deux autres forces comprises avec la première dans le même plan et dirigées suivant AF et AF'. Quelle doit être la valeur de ces deux composantes ? — A cet effet, du point D menons DC parallèle à la direction donnée AF, et DB parallèle à l'autre direction AF'. Les côtés AB et AC du parallélogramme ainsi construit représentent les deux forces que l'on peut substituer à R.

8. Théorème des moments par rapport à un point pris dans le plan des forces.

On appelle *moment* d'une force par rapport à un point *le produit de cette force par la perpendiculaire abaissée de ce point sur sa direction.*

Soient P et Q deux forces appliquées en A et leur résultante R (fig. 12). Le parallélogramme ABCD les représente en grandeur et en direction. Soit aussi un point quelconque O pris dans le plan des trois forces. De ce point nous abaissons des perpendiculaires sur les directions de P, de Q et de R, perpendiculaires que nous représentons respectivement par p, par q et par r. Le moment de P par rapport au point O est ainsi Pp ; celui de Q est Qq, et celui de R est Rr. Il s'agit de démontrer que le moment de la résultante est égal à la somme algébrique des moments des deux composantes ; il s'agit enfin d'établir l'égalité

$$Rr = Pp + Qq,$$

égalité algébrique où chacun des termes peut être affecté tantôt du signe $+$, tantôt du signe $-$, ainsi qu'on va l'établir.

Le point O étant complètement arbitraire, trois cas peuvent se présenter : ou bien ce point est en dehors du parallélogramme ABCD, ou bien il est dans l'angle DAB, ou bien encore dans l'angle DAC. Examinons d'abord le premier cas (fig. 12).

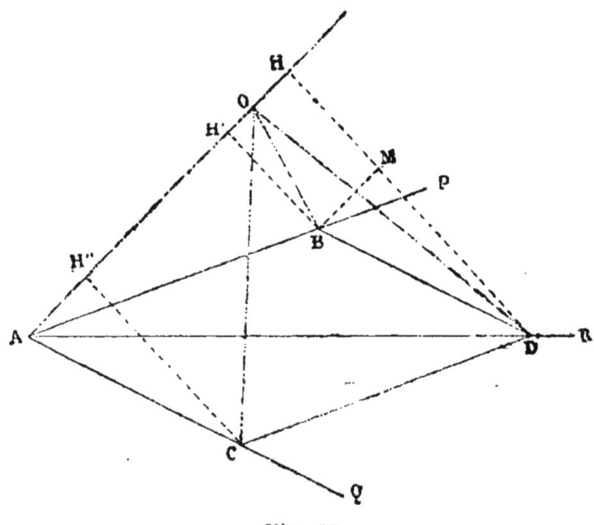

Fig. 12.

1er *cas*. Soit O le point en dehors du parallélogramme. Menons OA, OC, OD, OB. Le moment de la résultante R est le produit de AD, par la perpendiculaire abaissée de O sur AD, perpendiculaire non représentée sur la figure. Mais le même produit représente le double de la surface du triangle OAD. Pareillement le moment de P est le produit de AB par la perpendiculaire abaissée du point O sur AB, c'est-à-dire qu'il est numériquement égal au double de la surface du triangle OAB. On verrait de même que le moment de Q a la même valeur numérique que le double de la surface du triangle OAC. Par conséquent, démontrer que le moment de la résultante est égal à la somme des moments des composantes, revient à établir que le triangle OAD est équivalent à la somme des triangles OAB et OAC.

Mais ces trois triangles ont la base commune OA. Il suffit donc d'établir que DH, hauteur de DAO, est égale à la somme BH' et de CH'', hauteurs de BAO et de CAO. A cet effet, par le point B, menons BM parallèle à AO. Les deux triangles DBM et CAH'' sont égaux, car ils sont rectangles en M et en H''; ils ont MDB = H''CA, puisque ces deux angles ont leurs côtés parallèles et dirigés dans le même sens; ils ont enfin l'hypoténuse BD égale à l'hypoténuse AC comme côtés opposés d'un parallélogramme. De l'égalité de ces deux triangles, il résulte DM = CH''. D'autre part, dans le rectangle BH'MH, on a MH = BH'. On a donc enfin

$$DM + MH = DH = BH' + CH''.$$

De cette égalité résulte l'équivalence des triangles telle que nous l'avons énoncée, et par conséquent l'égalité

$$Rr = Pp + Qq. \quad (A)$$

2e *cas*. Actuellement le point O est pris à l'intérieur de l'angle PAR (fig. 13). Menons OB, OA, OC, OD. Comme précédemment, chacun des triangles, dont le sommet est en O et qui ont pour bases les deux composantes et la résultante, a pour surface une valeur numérique dont le double représente le moment de la force correspondante. La relation entre ces surfaces est donc la même que la relation entre les moments. Si nous prenons AO comme base commune de ces triangles, il suffira de trouver la relation entre les trois hauteurs DH, BH' et

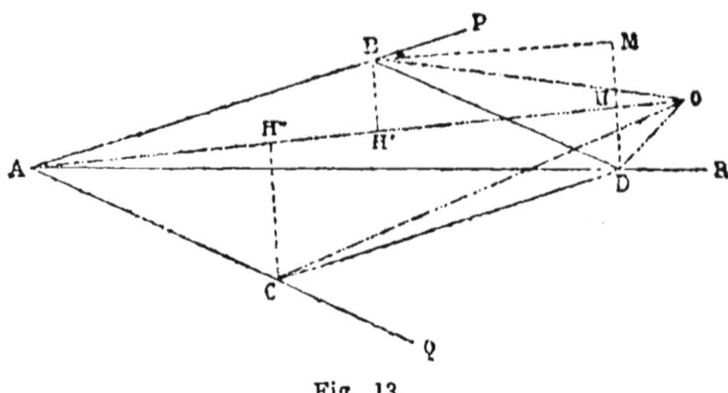

Fig. 13.

CH''. Par le point B menons encore BM parallèle à AO. Les deux triangles CAH'' et DBM sont égaux pour les mêmes raisons que ci-dessus. Alors DM = CH''. Le rectangle BH'MH fournit aussi MH = BH'. Par conséquent DH = DM — HM = CH'' — BH'.

Ainsi le triangle construit sur la résultante est équivalent à la différence des deux autres, et l'on a finalement :

$$Rr = Qq - Pp. \quad (B).$$

3e *cas.* Remarquons que l'égalité (A), où tous les termes sont positifs, devient l'égalité (B), où le moment Pp est négatif par cela seul que le point O, d'abord extérieur au parallélogramme, est maintenant compris entre la résultante et la force P. La plus pressante analogie veut donc que si le point O était compris entre la résultante et la force Q, ce fût le moment Qq qui devînt négatif. C'est du reste ce qui serait directement démontré par une construction en tout pareille à la précedente. Ainsi, lorsque le point O est compris dans l'angle RAQ, entre la résultante et la composante Q, on a l'égalité :

$$Rr = Pp - Qq. \quad (C).$$

9. Signes des moments. — Les trois formules qui viennent d'être démontrées, peuvent être comprises dans une seule au moyen de la notation que voici : — Les deux composantes P et Q et leur résultante R, agissent soit en A, soit en A′, soit en A″ (fig. 14). Imaginons que le point O par rapport auquel les moments sont pris, soit fixe ; et que les forces agissent en p, r, q, pieds des perpendiculaires abaissées du point O sur leurs directions. L'effet de ces forces sera de faire tourner les perpendiculaires autour du point O. Mais cette rotation, suivant la position du point O, peut avoir lieu dans un sens ou bien en sens contraire ; elle est par conséquent susceptible du signe + et du signe —. Si donc l'on regarde comme positives les rotations ayant lieu dans un sens, il faudra regarder comme négatives les rotations qui se font en sens opposé. Cette manière de faire image en l'esprit étant admise,

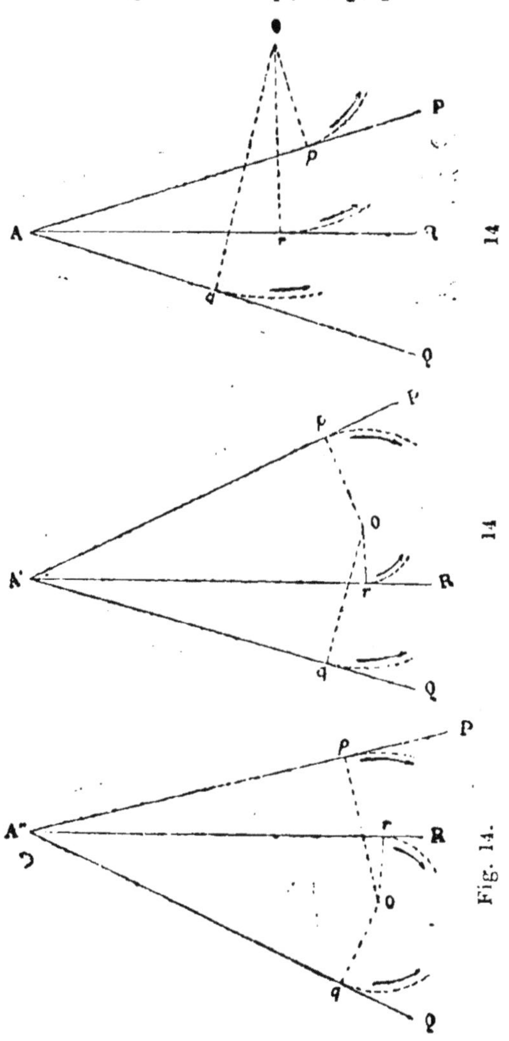

Fig. 14.

nous conviendrons de regarder comme de même signe les moments dont les perpendiculaires correspondent à des rotations de même sens ; et comme de signes contraires les moments dont les perpendiculaires correspondent à des rotations de sens opposé.

Dans la figure A, les moments sont de même signe, puisque les rotations auraient lieu dans le même sens. Ce cas correspond à la formule

$$Rr = Pp + Qq.$$

Dans la figure A′, les moments de R et de Q sont de même signe, car la rotation aurait lieu dans le même sens; mais le moment de P est de signe contraire, car ici la rotation aurait lieu en sens opposé. Ce cas est celui de la formule

$$Rr = Qq - Pp.$$

Enfin dans la figure A″, les moments de P et de R sont de même signe, et celui de Q est de signe contraire. La formule correspondante est

$$Rr = Pp - Qq.$$

On peut donc comprendre les trois cas dans la formule générale $Rr = Pp + Qq$, en ayant soin d'affecter les termes du signe déterminé par le sens de la rotation. On arrive ainsi à ce résultat embrassant tous les cas : *Le moment de la résultante de deux forces concourantes, par rapport à un point quelconque situé dans le plan de ces deux forces, est égal à la somme algébrique des moments des composantes.*

10. Moments par rapport à un point pris sur la direction de la résultante. — Si le point O est pris sur la direction de la résultante, la perpendiculaire r est nulle, et Rr est égal à zéro. La formule du théorème des moments devient alors :

$$0 = Pp + Qq.$$

Donc, *la somme des moments de deux forces appliquées à un même point est égale à zéro, si les moments sont pris par rapport à un point quelconque situé sur la direction de la résultante.*

La somme $Pp + Qq$ ne peut être égale à zéro qu'autant que Pp et Qq sont égaux et de signe contraire. Donc encore : *Les moments des deux composantes, par rapport à un point pris sur la direction de la résultante, sont égaux et de signe contraire.*

Si nous ne tenons pas compte des signes ou du sens des rotations, on doit ainsi avoir

$$Pp = Qq$$

D'où

$$\frac{P}{Q} = \frac{q}{p}$$

Or p et q sont les perpendiculaires abaissées du point O sur les directions des forces P et Q. Par conséquent, *si d'un point pris sur la direction de la résultante on abaisse des perpendiculaires sur les directions des composantes, ces perpendiculaires sont en raison inverse des composantes.*

11. Démonstration directe. — Démontrons directement cette dernière proposition, d'un usage fréquent. Soient P, Q les composantes, R leur résultante, dont les valeurs sont représentées par AB, AC, AD, dans le parallélogramme ABCD (fig. 15). Soit encore un point arbitraire O pris sur la direction de la résultante. Menons les perpendiculaires OM et ON ; de l'extrémité D de la diagonale, menons aussi les perpendiculaires DK et DH.

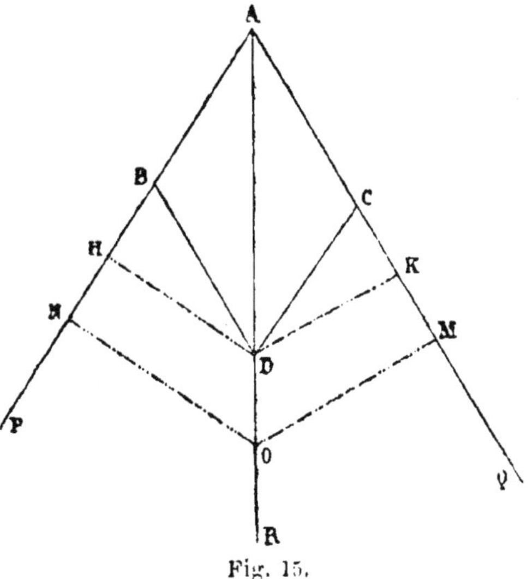

Fig. 15.

Les deux triangles DKC et DHB sont semblables, car ils ont les angles en C et B égaux comme suppléments de deux angles opposés du parallélogramme. On a donc :

$$\frac{DK}{DH}=\frac{DC}{DB}=\frac{P}{Q}.$$

D'autre part, le parallélisme de OM et DK fournit

$$\frac{OM}{DK}=\frac{OA}{DA};$$

et celui de NO et HD

$$\frac{ON}{DH}=\frac{OA}{DA}.$$

Donc $\frac{OM}{DK}=\frac{ON}{DH}$; ou bien $\frac{OM}{ON}=\frac{DK}{DH}=\frac{P}{Q}.$

Ce qui démontre la proposition que nous avions en vue, savoir : *Les perpendiculaires abaissées d'un point quelconque de la direction de la résultante sur les directions des composantes, sont en raison inverse de ces composantes.*

11. Composition d'un nombre quelconque de forces appliquées à un même point. — Admettons quatre forces OA, OB, OC, OD, appliquées au même point O (fig. 16). Ces forces sont d'ailleurs contenues dans le même plan ou dans des plans différents. Composons OA et OB. Leur résultante OE peut leur être substituée. Composons maintenant OE et OC. Leur résultante OF remplace les trois forces OA, OB, OC. Composons enfin OF et OD. Leur résultante OH tiendra lieu des quatre forces proposées et en sera la résultante générale.

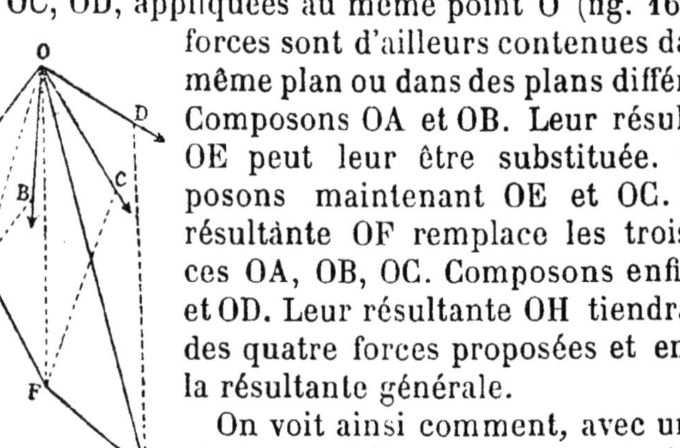

Fig. 16.

On voit ainsi comment, avec une série de parallélogrammes construits sur la résultante qui précède et la force suivante, on peut arriver à la résultante d'autant de forces que l'on voudra appliquées à un même point. L'ordre à suivre dans cette composition de proche en proche est du reste indifférent. Enfin, le raisonnement que nous venons de faire ne suppose en rien que les forces données sont contenues dans le même plan ; il s'applique donc à tous les cas possibles.

Remarquons maintenant que pour arriver à la résultante finale OH, l'échafaudage des parallélogrammes n'est nullement nécessaire. Il suffit, à l'extrémité de la force OA, de porter AE égal et parallèle à OB seconde force ; puis à l'extrémité de AE, de porter EF égal et parallèle à OC ; et enfin à l'extrémité de EF, de porter FH égal et parallèle à OD. On forme ainsi un certain contour polygonal OAEFH, plan ou non, suivant que les forces données sont situées ou non dans un même plan. La ligne OH qui complète ce contour polygonal et en fait un polygone fermé, est en grandeur et en direction la résultante de toutes les forces proposées.

Donc : *Pour obtenir la résultante d'autant de forces que l'on voudra appliquées à un même point, on porte ces forces bout à bout et parallèlement à elles-mêmes à partir de l'une quelconque d'entre elles. La droite qui achève le polygone et le ferme, est en grandeur et en direction la résultante demandée.*

12. Parallélipipède des forces. — Considérons le cas particulier de trois forces OA, OB, OC, non contenues dans le même plan et appliquées au même point O (fig. 17). Sur les trois longueurs OA, OB, OC, construisons un parallélipipède. La diagonale OD est la résultante de OA et OB. A son tour, le parallélogramme ODRC donne OR pour résultante de OC et OD, et par conséquent pour résultante des trois forces données. Mais OR n'est autre que la diagonale du parallélipipède.

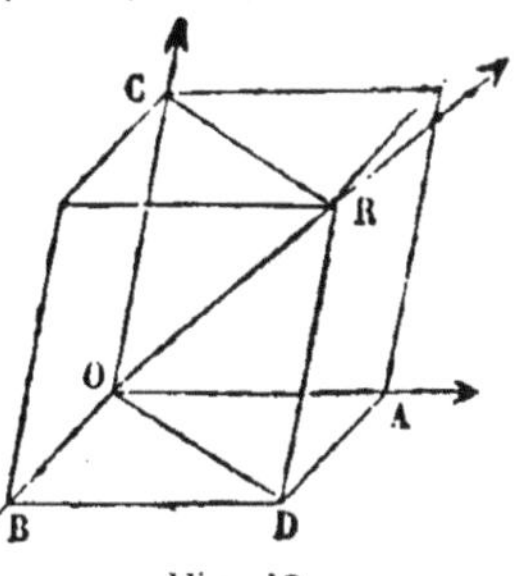

Fig. 17.

Donc : *la résultante de trois forces appliquées à un même*

point et non contenues dans le même plan, est la diagonale du parallélipipède construit sur ces trois forces.

Nous serions conduits au même résultat au moyen de la construction développée dans le paragraphe qui précède. A l'extrémité de OA, menons AD égal et parallèle à OB ; puis à l'extrémité de AD, menons DR égal et parallèle à OC. On obtient ainsi le contour polygonal OADR. La ligne OR, qui achève de fermer le polygone, est la résultante demandée. C'est aussi la diagonale du parallélipipède.

13. Décomposition d'une force suivant deux directions rectangulaires. — Proposons-nous de décomposer la force AB (fig. 18) en deux autres dirigées suivant AX et AY qui se coupent à angle droit au point d'application de la force donnée. A cet effet, menons BC perpendiculaire à AX, et BD perpendiculaire à AY. Les deux composantes demandées seront AC et AD. Or AC n'est autre chose que ce qu'on nomme en géométrie la projection de AB sur AX; et AD, la projection de AB sur AY. *Les deux composantes sont donc les projections de la force donnée sur les deux directions rectangulaires.*

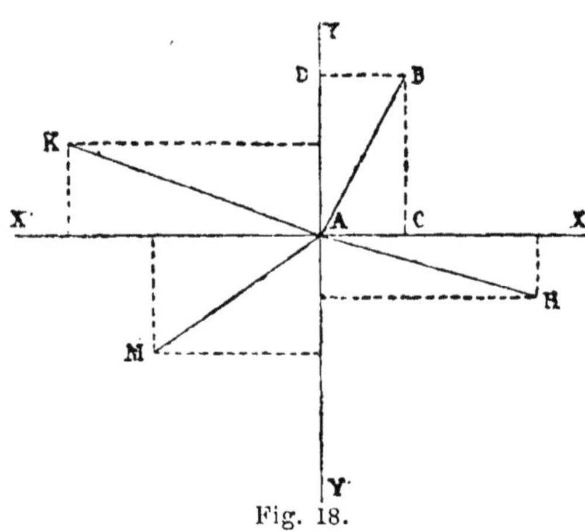

Fig. 18.

Ces projections sont susceptibles du signe + ou du signe — suivant qu'elles se trouvent à droite ou à gauche du point A, sur la direction ou axe XX', ou bien au-dessus ou au-dessous du point A sur l'axe YY'. Ainsi, pour la force AB la projection AC sur XX' est positive, ainsi que la projection AD sur YY'. Pour la force AK, la projection sur l'axe X est négative, et sur l'axe Y positive. Pour la force AM, les deux projections sont à la fois négatives. Enfin, pour la force AH, la projection sur X est positive et celle sur Y négative.

14. Décomposition d'une force suivant trois directions rectangulaires. — On se propose de remplacer la force P (fig. 19) par trois autres dirigées suivant les axes AX, AY, AZ, menés perpendiculairement l'un à l'autre par le point d'application A de cette force. — A cet effet, construisons un parallélipipède dont AP soit la diagonale et qui ait pour angle trièdre l'angle A que forment les trois axes. Les trois arêtes de ce parallélipipède, issues de A, seront les trois composantes demandées.

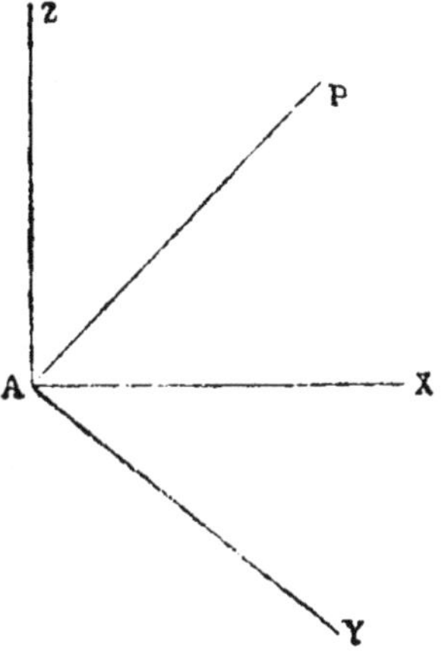

Fig. 19.

Comme dans le cas qui précède, ces trois composantes ne sont autre chose que les projections de AP sur chacun des trois axes. En second lieu, ces projections sont positives ou négatives suivant qu'elles se trouvent sur les axes AX, AY, AZ, ou bien sur le prolongement de ces axes ou de l'autre côté du point A.

15. Condition d'équilibre. — Des forces en nombre quelconque appliquées à un même point matériel se font équilibre lorsque leur résultante est égale à zéro. Leur effet alors est nul. Si le point est en repos, il persiste dans son repos ; s'il est en mouvement, il persiste dans son mouvement sans modification aucune, puisque les forces qu'on lui suppose appliquées ont un effet nul. Les conditions d'équilibre sont donc indépendantes de l'état de repos ou de l'état de mouvement du point considéré.

La recherche des conditions d'équilibre revient à la recherche des conditions qui donnent une résultante égale à zéro. Soient alors P, P', P'', P''', etc., les forces en nombre quelconque appliquées au point A. Par ce point conduisons trois axes AX, AY, AZ, arbitrairement choisis et perpendiculaires l'un à l'autre. Décomposons chacune des forces P, P', P''. etc., en trois autres dirigées suivant ces axes. De l'ensemble de ces décompositions, il résultera trois forces, l'une X', dirigée suivant AX ou son prolongement, l'autre Y' dirigée suivant AY, la troisième enfin Z' dirigée suivant AZ. Composons maintenant en une seule les trois forces X', Y', Z', au moyen d'un parallélipipède ; leur résultante R' sera la résultante de toutes les forces proposées.

Pour que l'équilibre ait lieu, il faut que R' soit nulle, condition qui sera remplie si chacune de ses composantes X', Y', Z' est nulle séparément. Les trois égalités $X' = o$, $Y' = o$, $Z' = o$, sont suffisantes, car alors évidemment la résultante est nulle ; de plus elles sont nécessaires, car si parmi les trois composantes il y en avait conservant une certaine valeur, le point serait sollicité par leur résultante et l'équilibre n'aurait plus lieu.

Donc : *Pour l'équilibre d'autant de forces que l'on voudra appliquées à un même point, il faut et il suffit que ces forces décomposées suivant trois axes arbitraires menés par le point d'application, donnent trois composantes générales séparément égales à zéro.*

En termes plus abrégés, il faut les trois conditions

$$X' = o, \quad Y' = o, \quad Z' = o.$$

Pour se rendre compte de la valeur nulle de chacune de ces composantes, il suffit de se rappeler que X', par exemple, résulte d'un certain nombre de composantes partielles agissant dans la direction AX, et d'autres composantes partielles agissant dans la direction opposée, de l'autre côté du point A. Ces deux groupes, à effets contraires, ont des signes algébriques contraires. Ils se détruisent mutuellement et donnent le résultat $X' = o$. Il en est de même pour les composantes partielles dirigées suivant l'axe AY, et suivant l'axe AZ.

Si les trois axes sont perpendiculaires, les composantes partielles sont les projections de chaque force sur ces axes, projections affectées du signe + ou du signe — suivant leur position par rapport au point A. Enfin les trois composantes générales X,' Y', Z', sont les sommes algébriques de ces projections. On peut donc énoncer ainsi les conditions d'équilibre : *Autant de forces que l'on voudra appliquées à un même point se font équilibre lorsque les sommes de leurs projections sur trois axes rectangulaires, arbitrairement menés par le point d'application, sont individuellement nulles.*

Appelons x, y, z, les projections de la force P sur chacun des axes AX, AY, AZ ; appelons de même x', y', z', les projections de P' ; x'', y'', z'', les projections de P'', etc. Exprimées algébriquement, les conditions d'équilibre deviendront :

$$x + x' + x'' + x''' + \text{etc.} = o$$
$$y + y' + y'' + y''' + \text{etc.} = o$$
$$z + z' + z'' + z''' + \text{etc.} = o.$$

Remarquons encore une fois que ces sommes sont purement algébriques et deviennent nulles par l'opposition des signes, résultant des projections situées les unes d'un côté du point A, les autres du côté opposé.

Les conditions d'équilibre peuvent enfin être énoncées sous un troisième point de vue. Nous avons reconnu, que pour obtenir la résultante d'un nombre quelconque de forces appliquées à un même point, il suffit de transporter ces forces bout à bout et parallèlement à elles-mêmes à partir de l'une d'elles. La droite qui ferme le contour polygonal ainsi obtenu est la résultante cherchée. Mais si ce contour polygonal se ferme de lui-même, c'est-à-dire si la dernière force transportée parallèlement, vient aboutir au point de départ, ou point d'application, la résultante de toutes les forces est zéro. Donc : *Autant de forces que l'on voudra appliquées à un même point se font équilibre, lorsque transportées bout à bout parallèlement à elles-mêmes elles donnent une ligne polygonale fermée.*

Ces trois manières d'énoncer les conditions générales d'équilibre ne diffèrent que par les expressions; au fond elles sont les mêmes. On peut donc les employer indistinctement, tantôt l'une, tantôt l'autre, suivant les facilités qu'elles présentent dans la question traitée.

Si toutes les forces étaient situées dans un même plan, on prendrait pour axes deux droites contenues dans ce plan, et les trois équations d'équilibre se réduiraient à deux, savoir :

$$X' = o, \quad Y' = o;$$

Ou bien, les axes étant rectangulaires :

$$x + x' + x'' + x''' + \text{etc.} = o$$
$$y + y' + y'' + y''' + \text{etc.} = o.$$

CHAPITRE III

COMPOSITION DES FORCES PARALLÈLES

1. Composition de deux forces parallèles et de même sens, déduite de la composition de deux forces concourantes. — Soient les deux forces concourantes P et Q appliquées aux deux extrémités de la droite inflexible CB (fig. 20). Si nous les prolongions jusqu'à leur point de concours A, et si nous construisions le parallélogramme des forces, nous obtiendrions, en grandeur et en direction, la résultante R, que nous supposerons appliquée en D, sur la même droite que P et Q.

Il a été établi que la valeur de cette résultante est donnée par la formule

$$R^2 = P^2 + Q^2 + 2\,PQ \operatorname{Cos} A \quad (1)$$

D'autre part, abaissons DH et DK perpendiculairement sur AP et sur AQ. D'après le théorème des moments, comme aussi d'après une démonstration directe qui en a été donnée, puisque D est un point de la résultante, on doit avoir

$$P. DH = Q. DK. \quad (2)$$

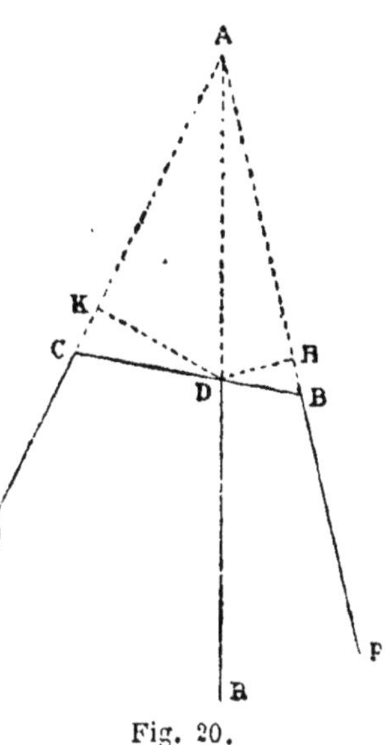

Fig. 20.

Les relations (1) et (2) ont lieu quel que soit l'angle A, et si éloigné que soit le sommet de cet angle. Elles sont donc encore vraies lorsque A est infiniment éloigné. Mais alors l'angle A est nul, les deux forces D et Q sont parallèles, et les deux perpendiculaires DH et DK sont le prolongement l'une de l'autre ; enfin la figure 20 devient la figure 21.

L'angle A étant zéro, on a cos A = 1, et la relation (1) devient :

$$R^2 = P^2 + Q^2 + 2\,PQ = (P + Q)^2.$$

$$\text{D'où } R = P + Q.$$

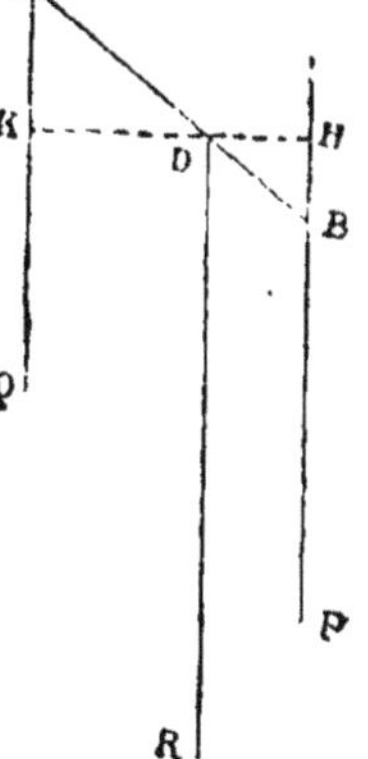

Fig. 21.

Donc *la résultante de deux forces parallèles et de même sens appliquées aux deux extrémités d'une droite est égale à leur somme.*

De plus *elle est leur parallèle*, car le point de concours des directions P, R, Q se trouve maintenant à l'infini.

La relation (2) fournit à son tour : $\frac{P}{Q} = \frac{DK}{DH}$. Mais dans la figure 21, les deux triangles DCK et DHB sont semblables et donnent les rapports égaux

$$\frac{DK}{DH} = \frac{DC}{DB}.$$

De là résulte

$$\frac{DC}{DB} = \frac{P}{Q}.$$

Donc *le point d'application de la résultante de deux forces parallèles et de même sens appliquées aux deux extrémités d'une droite, divise cette droite en deux segments qui sont en raison inverse des deux forces.*

2. Démonstration directe. — Proposons-nous de trouver la résultante des deux forces parallèles F et F′ appliquées aux extrémités de la droite AB (fig. 22). — Aux points A et B appliquons, en sens contraires, et dans la direction de AB deux forces arbitrairement choisies et égales entre elles, A*f*, B*f*. Ces deux forces auxiliaires, se détruisant entre elles, ne modifient en rien l'effet des forces données F et F′. Déterminons la résultante de A*f* et de AC, valeur de F, au moyen du parallélogramme ACK*f*. Cette résultante est la diagonale AK. Pareillement la résultante des deux forces agissant en B est BI. Prolongeons les deux résultantes AK et BI jusqu'à leur point de concours M, où nous les supposerons appliquées. En ce point M, ramenons maintenant chaque résultante à ses deux composantes. AK fournira MF égale et parallèle à AF, et M*f* égale et parallèle à A*f*. De même, BI donnera MF′ égale et parallèle à BF′, et M*f* égale et parallèle à B*f*. Les deux forces *f* appliquées en M en sens contraire se détruisent. Il ne reste plus que MF et MF′, qui se réduisent à une force unique égale à leur somme et que l'on peut supposer appliquée en O. Cette somme ou résultante R est égale à la somme des forces données F et F′ et leur est parallèle.

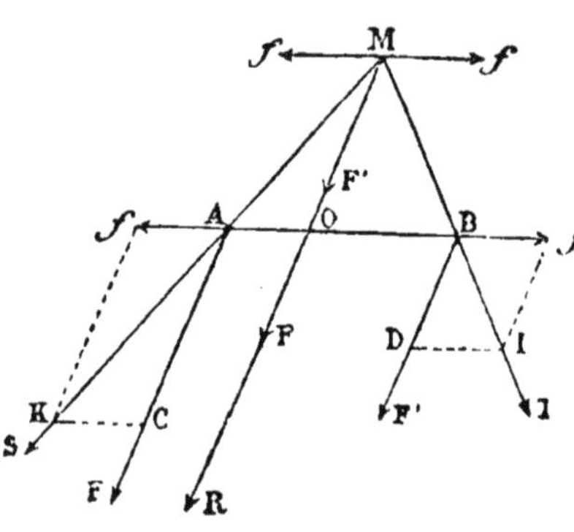

Fig. 22.

Reste à trouver la position du point d'application O. Les deux triangles semblables AOM et KCA donnent :

$$\frac{OA}{OM}=\frac{CK}{CA}.$$

Les deux triangles semblables OBM et DIB donnent aussi :

$$\frac{OB}{OM}=\frac{DI}{DB}.$$

Divisant ces deux égalités membre à membre, il viendra :

$$\frac{OA}{OB}=\frac{CK.DB}{CA.DI}.$$

Mais CK = DI puisque les deux forces f sont égales ; DB est la valeur de la force F' et CA la valeur de la force F. L'égalité précédente devient ainsi :

$$\frac{OA}{OB}=\frac{F'}{F}.$$

Donc, 1° : *La résultante de deux forces parallèles et de même sens appliquées aux deux extrémités d'une droite, est égale à leur somme, leur est parallèle et agit dans le même sens que ces forces ; 2° le point d'application de la résultante divise la droite en deux segments inversément proportionnels aux deux forces.*

3. Décomposition d'une force en deux autres forces parallèles. — Réciproquement, une force étant donnée, on peut se proposer de lui substituer deux autres forces qui lui soient parallèles. Le problème peut se présenter suivant deux aspects, que nous allons examiner.

1er *cas.* — Il faut remplacer la force R appliquée en C (fig. 23) par une force P, de valeur connue, appliquée en A, et une seconde force Q, parallèle, de même sens, et de valeur inconnue ainsi que son point d'application B. Quelle doit être la valeur de cette force Q ? où doit se trouver son point d'application?

On doit d'abord avoir $R = P + Q$, d'où $Q = R - P$; ce qui détermine la valeur de la force.

Quant au point d'application, il sera déterminé si l'on connaît CB. Or l'on doit avoir :

$$\frac{CB}{CA} = \frac{P}{Q}; \text{ d'où } CB = \frac{CA.P}{Q} = \frac{CA.P}{R-P}$$

2e *cas*. — On connaît la résultante R ainsi que les points d'application A et B. Quelles doivent être les valeurs des deux composantes P et Q ?

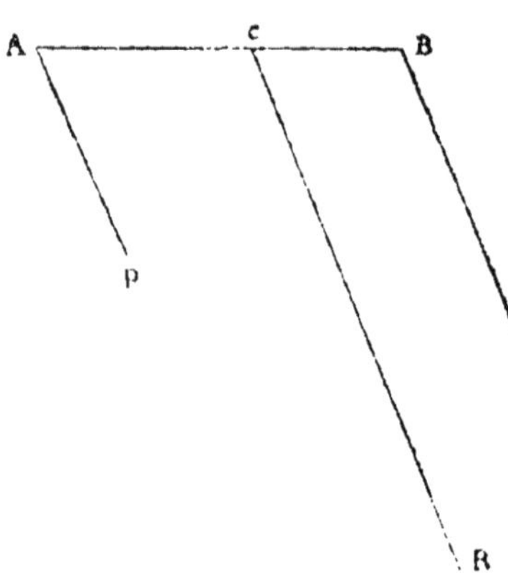

Fig. 23.

Le théorème de la composition des forces parallèles et de même sens, fournit les deux égalités suivantes :

$$P + Q = R$$
$$\frac{P}{Q} = \frac{CB}{CA}.$$

En résolvant par rapport à P et à Q, on obtient :

$$P = R\frac{CB}{CA + CB} = R\frac{CB}{AB}; \quad Q = R\frac{CA}{CA + CB} = R\frac{CA}{AB}.$$

4. Composition de deux forces parallèles et de sens contraires. — Soient les deux forces F et F′ agissant en sens opposés aux deux extrémités de la droite AB (fig. 24). Nous nous proposons de trouver leur résultante, ainsi que son point d'application. — A cet effet, à la force F, la plus grande, substituons deux autres forces parallèles, l'une F″ appliquée en B et égale à F′, l'autre $R = F - F'$ appliquée en un certain point O sur le prolongement de AB.

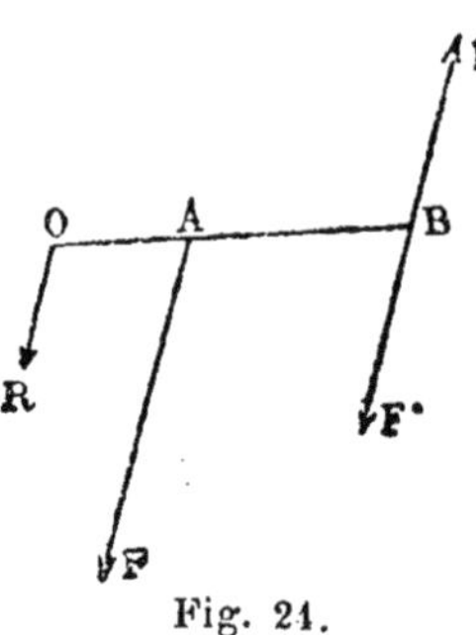

Fig. 24.

Le système des deux forces données F et F′ est ainsi remplacé par le système des trois forces R, F′ et F″ ayant même résultante. Mais dans ce dernier système F′ et F″ se détruisent comme étant égales et de sens contraires. Il ne reste ainsi que R pour résultante des forces proposées.

Mais d'une part R est égale à F — F′. D'autre part, d'après le théorème qui précède, on doit avoir

$$\frac{AB}{AO}=\frac{R}{F''}=\frac{R}{F'};\text{ ou bien }\frac{AB+AO}{AO}=\frac{R+F'}{F'}=\frac{F}{F'}$$

c'est-à-dire

$$\frac{BO}{AO}=\frac{F}{F'}.$$

Le point d'application O est donc tel que les distances AO et BO sont en raison inverse des forces données F et F′.

Donc : *la résultante de deux forces quelconques parallèles agissant en sens contraires aux deux extrémités d'une droite inflexible leur est parallèle, est égale à leur différence, agit dans le sens de la plus grande, et se trouve appliquée en un point tel que les distances de ce point aux deux extrémités de la droite sont en raison inverse des forces.*

5. Énoncé général pour le point d'application de la résultante. — Soit une droite AB de longueur déterminée (fig. 25). Prenons sur cette droite un troisième point qui peut, comme C, se trouver entre B et A ; ou bien, comme C′, se trouver en dehors de la longueur AB. Les deux distances CB et CA du point C aux extrémités de la droite se nomment *segments* de AB. Ils sont *additifs*, parce que leur somme AC + CB reproduit la droite AB.

A C B C′

Fig. 25.

De même les deux distances C′A et C′B du point C′ aux extrémités de la droite AB se nomment encore segments ; mais ils sont *soustractifs*, parce que leur différence C′A — C′B reproduit la droite AB.

Ces locutions comprises, remarquons dans la figure 23 que C, point d'application de la résultante de deux forces parallèles et de même sens, divise en deux segments additifs la droite AB, aux extrémités de laquelle les deux forces sont appliquées. Au contraire, dans la figure 24, le point O où est appliquée la résultante de deux forces parallèles et de sens contraires, divise AB en deux segments soustractifs.

Nous dirons donc : *Le point d'application de deux forces parallèles agissant aux deux extrémités d'une droite, divise cette droite en deux segments qui sont en raison inverse des forces. Ces deux segments sont additifs si les forces agissent dans le même sens ; ils sont soustractifs si les forces agissent en sens contraire.*

6. Couple. — On nomme *couple un système de deux forces égales, parallèles et agissant en sens inverse aux deux extrémités d'une droite.* — Tel est le système des deux forces P et P' agissant aux deux extrémités de AB (fig. 26). — Un couple ne peut avoir de résultante; il ne peut être remplacé par une force unique; c'est ce qui résulte de la simple inspection du système. Une résultante, en effet, ne saurait, dans aucun cas, avoir deux points d'application différents. Or tout étant pareil des deux côtés du couple, si l'on suppose une résultante appliquée à droite, il faudra en supposer une autre appliquée à gauche. Un double point d'application étant inadmissible, la résultante n'existe pas.

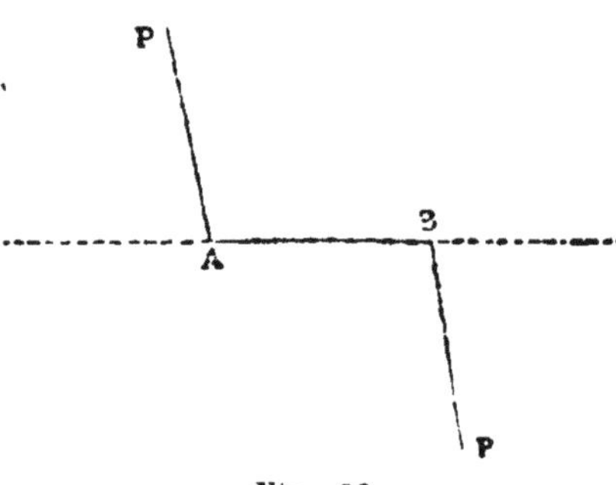

Fig. 26.

C'est ce qu'affirme à son tour le calcul. Admettons, en effet, une résultante appliquée en un point C qu'il s'agit de déterminer. D'après le théorème de la composition des forces parallèles et de sens contraire, on devra avoir :

$$\frac{CA}{CB}=\frac{P'}{P};\ \text{ou bien}\ \frac{CA-CB}{CB}=\frac{P'-P}{P},\ \frac{AB}{CB}=\frac{P'-P}{P}$$

d'où
$$CB=\frac{AB.P}{P'-P}.$$

Les deux forces P et P′ étant supposées égales, la valeur de CB devient

$$CB=\frac{AB.P}{0}=\infty;$$

et la valeur de la résultante est $R=P-P'=0$.

Le calcul donne donc pour résultante une force égale à 0, appliquée à une distance infinie du point B. En d'autres termes, il n'existe pas de résultante.

7. Composition d'un nombre quelconque de forces parallèles. — Soient F, F′, F″, F‴,, des forces parallèles, appliquées à des points A, B, C, D, liés entre eux d'une manière invariable (fig. 27). Supposons d'abord que toutes les forces soient dirigées dans le même sens. — Déterminons la résultante de deux quelconques d'entre elles, de F et F′ par exemple. Cette résultante M est égale à la somme F + F′. Quant à son point d'application I, il doit être tel que les segments en A et en B de la droite AB soient en raison inverse des forces F et F′. Enfin on doit avoir $\frac{IA}{IB}=\frac{F'}{F}$; ce qui détermine la position du point I.

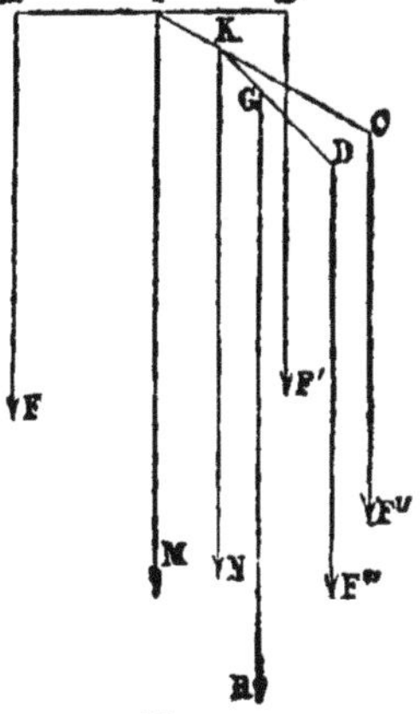

Fig. 27.

Prenons maintenant la résultante de M et de F″. Cette résultante N sera égale à la somme

$$M+F''=F+F'+F'';$$

et son point d'application K divisera IC en segments inversément proportionnels aux forces M et F″.

Continuant de la sorte, nous composerons N avec F‴; et nous obtiendrons la résultante finale R, appliquée en G. *Cette résultante finale sera égale à* $F + F' + F'' + F'''$, *somme des forces proposées.*

L'ordre à suivre dans cette construction est tout à fait indifférent. Nous avons commencé par la composition des forces F et F′, et fini avec F‴. Nous aurions pu faire l'inverse, commencer par F‴ et F″ et finir par F, ou bien adopter toute autre combinaison à notre guise, et nous serions arrivés à la même résultante R appliquée au même point G.

Supposons maintenant les forces parallèles dirigées les unes dans un sens, les autres dans un sens opposé. Nous cherchons la résultante R′ de toutes les forces dirigées d'un même côté, comme nous venons de le faire ci-dessus; nous cherchons ensuite la résultante R″ de toutes les forces dirigées du côté opposé. En général, les deux résultantes R′ et R″ seront inégales et auront des points d'application différents. Le problème sera alors ramené à la composition de deux forces parallèles et de sens contraire. *La résultante finale* R *sera égale à la différence de* R′ *et de* R″ *ou bien à la différence de la somme des forces agissant dans un sens et de la somme des forces agissant en sens contraire; enfin elle aura la même direction que la plus grande somme.*

Si les deux forces résultantes partielles R′ et R″ avaient même point d'application, elles se réduiraient à une force unique, appliquée au même point, égale à leur différence et agissant dans le sens de la plus grande.

Si R′ et R″ avaient même valeur et même point d'application, elles se détruiraient mutuellement, et la résultante générale serait zéro, c'est-à-dire que les forces proposées se feraient équilibre.

Enfin si R′ et R″ avaient même valeur et des points d'application différents, elles formeraient un couple, et les forces proposées n'auraient pas de résultante.

8. Décomposition d'une force en d'autres forces parallèles. — Proposons-nous de remplacer la force R appliquée en O par trois autres forces P, P′, P″ parallèles à la première, dirigées dans le même sens et appliquées aux points A, B, C (fig. 28). — A cet effet, menons AO que nous prolongeons jusqu'en m. Substituons à la force R deux forces P et p dont la somme soit R et telles que l'on ait $\frac{P}{p}=\frac{Om}{OA}$.

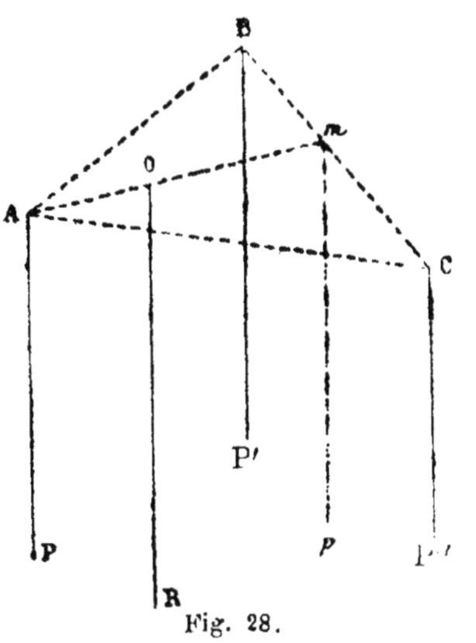

Fig. 28.

Remplaçons enfin la force p par deux forces P′ et P″ déterminées par les deux relations $P'+P''=p$, $\frac{P'}{P''}=\frac{Cm}{Bm}$. Les trois forces P, P′, P″ ainsi déterminées, tiendront lieu de la force R.

Le problème que nous venons de traiter conduit à un système unique de forces, enfin n'admet qu'une seule solution ; mais si le nombre de points donnés était supérieur à trois, la question serait indéterminée. Supposons, par exemple, que l'on ait à remplacer la force R appliquée en O par un système d'autres forces parallèles et de même sens appliquées aux quatre points A, B, C, D (fig. 29). Menons AO, et sur le prolongement de cette droite choisissons tel point qui nous conviendra. Soit m ce point arbitraire. Décomposons R en deux forces parallèles P et p appliquées en A et en m. Il suffit maintenant de

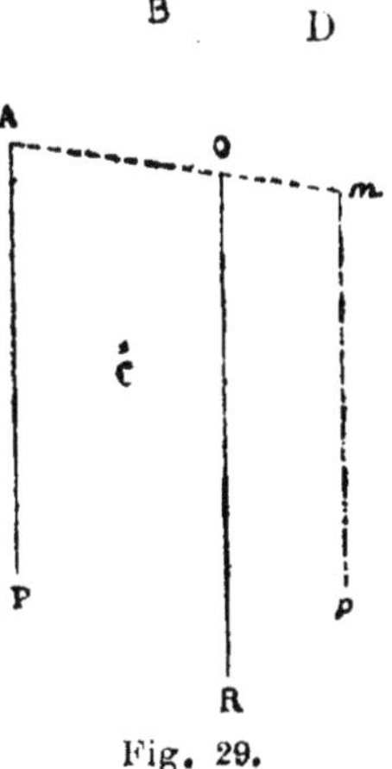

Fig. 29.

remplacer la force p par trois autres appliquées aux points B, C, D ; ce qui rentre dans le cas précédent. On est ainsi conduit à un système de quatre forces remplaçant la force donnée R.

Mais le point m est complètement arbitraire sur la droite AO. Il suffira donc d'en faire varier la position pour obtenir autant de systèmes de quatre forces que l'on voudra. L'indétermination serait plus grande encore à mesure que le nombre de points donnés serait plus considérable.

9. Centre des forces parallèles. — S'il fallait obtenir la résultante des forces parallèles P, Q, S, T, V (fig. 30), on diviserait AB en deux segments inversement proportionnels aux forces P et S ; et au point de division m, on appliquerait une force parallèle, égale à P + S. On diviserait ensuite mC en deux segments inversement proportionnels aux forces Q et P + S ; et au point de division n on appliquerait une force parallèle P + S + Q. En continuant la construction de la même manière, on arriverait à la résultante R = P + S + Q + T + V, et à son point d'application O.

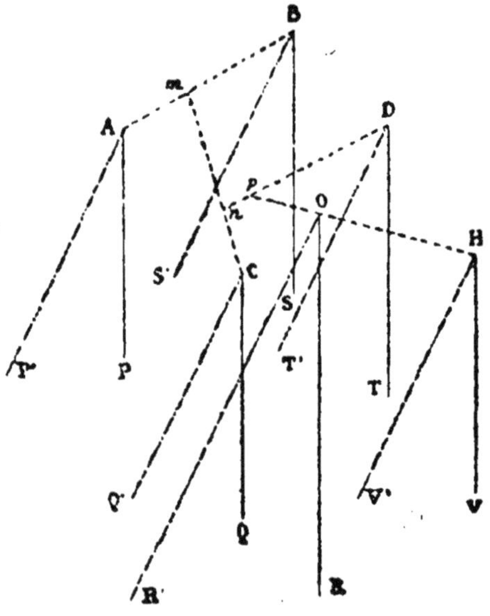

Fig. 30.

Imaginons maintenant que les forces données, tout en conservant leurs intensités et leurs points d'application, s'inclinent toutes dans le même sens et forment un nouveau système de forces parallèles P′, Q′, S′, T′, V′.

La résultante actuelle R′ aura même valeur que dans le premier cas et sera toujours égale à la somme des forces données. De plus son point d'application restera le même, car pour l'obtenir il faudrait, de proche en proche, répéter exactement les mêmes divisions de droites ; ce qui nous ramènerait au point m sur AB, au point n sur mC, au point p sur nD, et finalement au point O sur pH.

Donc : *Etant donné un système quelconque de forces parallèles appliquées à des points liés entre eux d'une manière invariable, si l'on incline successivement tout le système dans diverses situations, de manière que les mêmes forces passent toujours par les mêmes points et conservent leurs intensités et leur parallélisme, les résultantes générales obtenues dans chacune de ces positions se croiseront toutes au même point.*

Ce point remarquable se nomme *centre des forces parallèles.* Sa position ne dépend en rien de la valeur absolue des forces, mais uniquement de leurs rapports, puisque c'est d'après ces rapports que se fait, de proche en proche, la division des droites. Si donc les forces du système, non seulement changeaient de direction, mais encore augmentaient ou diminuaient toutes d'intensité let dans la même proportion, le point d'application de a résultante, enfin le centre des forces parallèles, conserverait toujours la même position.

10. Moments de deux forces parallèles. — Nous avons appelé moment d'une force par rapport à un point le produit de cette force par la perpendiculaire abaissée de ce point sur sa direction ; et il a été démontré que, par rapport à un point quelconque pris dans le plan des forces, le moment de la résultante est égal à la somme algébrique des moments de ses deux composantes. Cette propriété ayant lieu quel que soit l'angle formé entre elles par les composantes, elle a encore lieu lorque cet angle devient nul, c'est-à-dire lorsque les deux composantes sont parallèles. Soient donc P et Q deux forces parallèles et R leur résultante ; soient p, q, r

les perpendiculaires abaissées sur ces forces d'un point arbitraire O pris dans leur plan ; on doit avoir :

$$Rr = Pp \quad Qq.$$

C'est du reste très facile à démontrer directement.

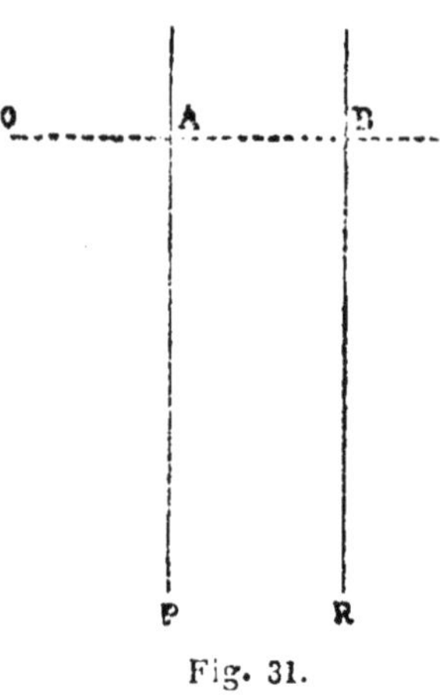

Fig. 31.

Considérons les deux forces parallèles P et Q, et leur résultante R (fig. 31). Du point O, pris dans leur plan, abaissons la perpendiculaire commune OC, et représentons OA par p, OB par r, OC par q. Les trois forces peuvent être considérées comme appliquées en A, B et C appartenant à leurs directions. On a donc, d'après le théorème de la composition de deux forces parallèles :

$$R = P + Q \quad (1)$$
$$P.\ AB = Q.\ BC. \quad (2)$$

Multiplions par r les deux membres de l'égalité (1), nous aurons :

$$Rr = Pr + Qr.$$

Mais d'après la figure et d'après la notation adoptée,

$$r = p + AB, \quad r = q - BC.$$

Ces deux valeurs substituées à r dans le second membre, fournissent :

$$Rr = Pp + P.\ AB + Qq - Q.\ BC.$$

Mais d'après l'égalité (2) P. AB — Q. BC est nul. Il reste donc :

$$Rr = Pp + Qq.$$

En tenant compte du signe des moments, comme on l'a expliqué, on arriverait à pareil résultat pour une position quelconque du point O, les forces étant de même sens ou de sens opposé.

11. Moments d'un nombre quelconque de forces situées

dans un même plan. — Soient P, P′ P″, P‴, etc., des forces en nombre arbitraire, parallèles ou concourantes, toutes situées dans un même plan. Appelons V la résultante de P et P′; V′ la résultante de V et P″; V″ la résultante de V′ et P‴. En continuant ainsi, nous parviendrons à la résultante générale R, donnée par la composition de la dernière force P_n avec la résultante qui précède V_{n-1}. Si $p, p', p''.....\ v, v', v''.....\ r$ représentent les perpendiculaires abaissées sur les directions de ces forces par un point arbitraire pris dans leur plan, on aura, les forces étant concourantes ou parallèles indifféremment :

$$\begin{aligned} Vv &= Pp + P'p' \\ V'v' &= Vv + P''p'' \\ V''v'' &= V'v' + P'''p''' \\ &\cdots\cdots\cdots\cdots \\ &\cdots\cdots\cdots\cdots \\ Rr &= V_{n-1}v_{n-1} + P_n p_n. \end{aligned}$$

Additionnées membre à membre, ces égalités se réduisent à

$$Rr = Pp + P'p' + P''p'' + P'''p''' + \ldots\ldots + P_n p_n.$$

Donc : *Des forces en nombre arbitraire, concourantes ou parallèles, étant situées dans un même plan, le moment de la résultante par rapport à un point quelconque situé dans ce plan, est égal à la somme algébrique des moments des composantes.*

Si le point par rapport auquel on prend les moments est situé sur la direction de la résultante, on a $Rr = o$ à cause de $r = o$; et la formule qui précède devient :

$$Pp + P'p' + P''p'' + P'''p''' \ldots\ldots + P_n p_n = o.$$

Cette somme étant égale à zéro par suite de l'opposition des signes des moments, dont les uns tendent à faire tourner dans un sens et les autres tendent à faire tourner en sens contraire, on voit que, *par rapport à un point pris sur la direction de la résultante, la somme des moments qui tendent à faire tourner dans un sens est égale à la somme des moments qui tendent à faire tourner en sens contraire.*

Ce théorème est d'un fréquent usage.

CHAPITRE IV

CENTRE DE GRAVITÉ

1. Pesanteur. — Un corps soulevé au-dessus du sol et abandonné à lui-même, retombe à terre; la cause de cette chute est une force appelée *pesanteur*. La direction en est donnée par celle du fil à plomb, lui-même perpendiculaire à la surface des eaux tranquilles ou surface régulière du globe terrestre. Cette direction se nomme *verticale*. D'un point à un autre non situé sur le prolongement d'un même rayon, la verticale change, et la pesanteur agit suivant des droites qui vont concourir au centre de la terre. Mais si l'on considère un corps de dimensions très petites par rapport à celles du globe terrestre, on peut considérer comme parallèles les verticales correspondant aux divers point de ce corps, puisque leur concours se fait à une distance relativement immense, c'est-à-dire au centre de la sphère terrestre. En second lieu, toutes les molécules d'un corps sont individuellement soumises à la pesanteur. On peut donc considérer un corps pesant comme un système de points matériels liés entre eux d'une manière invariable, auxquels sont appliquées des forces parallèles et de même sens.

2. Poids. — On voit ainsi que le théorème de la composition des forces parallèles et de même sens embrasse celui des forces provenant de la pesanteur. Par conséquent *la résultante des actions de la pesanteur sur chaque molécule d'un corps est égale à la somme de ces actions et* *leur est parallèle, c'est-à-dire est verticale.* Cette résultante se nomme *poids.*

Puisqu'il est la somme des forces élémentaires exercées sur chaque molécule, le poids est donc proportionnel au nombre de ces molécules, ou à la quantité de matière que le corps renferme, quantité de matière que l'on désigne par le nom de *masse.* On remarquera que pesanteur et poids ne sont pas synonymes. La pesanteur est la cause, et le poids est l'effet. La première agit sur les molécules de tous les corps indistinctement ; le second est la résultante des actions de la pesanteur sur les molécules d'un corps déterminé.

3. Centre de gravité. — On nomme *centre de gravité d'un corps le point d'application de la résultante de toutes les actions de la pesanteur sur les molécules de ce corps ;* en d'autres termes, c'est le point d'application de la résultante que nous venons d'appeler poids.

Le centre de gravité se confond évidemment avec le point remarquable dont il a été question dans le précédent chapitre sous la dénomination de *centre des forces parallèles.* Nous avons reconnu que si des forces parallèles tournent autour de leurs points d'application, tout en conservant leur parallélisme et leurs intensités, la résultante passe constamment par ce centre des forces parallèles. De même, lorsqu'un corps pesant occupe telle position que l'on voudra, la résultante des actions de la pesanteur sur les diverses molécules passe toujours par le centre de gravité, parce que les forces conservent leurs intensités et se maintiennent parallèles.

Si donc son centre de gravité était fixe, le corps resterait en équilibre dans toutes les positions qu'on pourrait lui donner autour de ce point, parce que la résultante de la pesanteur, le poids, aurait pour obstacle la résistance de ce point. Sous cet aspect, on pourrait définir le centre de gravité *un point tel, que, s'il était fixé, le corps resterait en équilibre dans toutes les positions possibles autour de ce point.*

Le centre de gravité peut faire partie du corps lui-même, comme aussi il peut ne pas en faire partie. Ce dernier cas se présente au sujet d'un anneau et d'une sphère creuse par exemple, ayant l'un et l'autre pour centre de gravité le centre géométrique, point étranger à la masse de l'anneau et de la sphère creuse. Alors on suppose le centre de gravité invariablement relié au corps d'une façon quelconque ; et cette liaison une fois établie, on conçoit fort bien que le corps reste en équilibre dans toutes les positions autour de son centre de gravité fixé.

Lorsqu'il faut tenir compte de la pesanteur dans une question de mécanique, à la place des forces élémentaires qui agissent sur toutes les molécules d'un corps pesant, on substitue une force unique, le poids, ayant pour point d'application le centre de gravité. On fait alors abstraction du corps, remplacé qu'il est par un seul point, le centre de gravité, auquel est appliquée une force unique, le poids. La recherche du centre de gravité est donc d'une importance majeure tant dans la pratique que dans la théorie.

4. Recherche expérimentale du centre de gravité. — Le corps, de forme quelconque, est suspendu à un cordon par un point arbitraire de la surface (fig. 32). Quand l'immobilité est rétablie, le cordon a la direction verticale. Prolongé idéalement à travers le corps, il doit passer par le centre de gravité, afin que la résistance du cordon agisse en sens contraire du poids et en détruise l'effet, ainsi que l'exige l'état immobile. On obtient

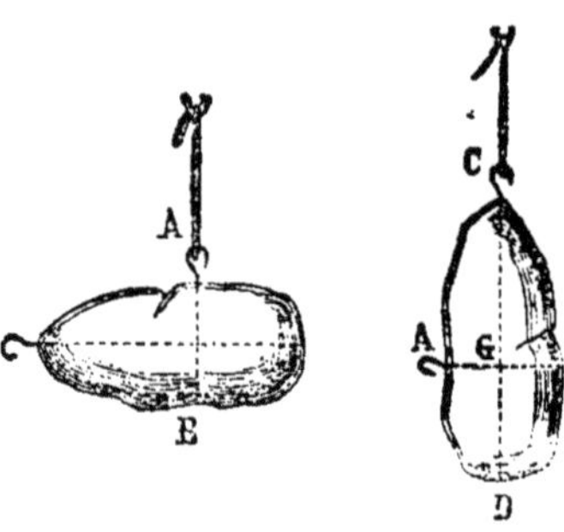

Fig. 32.

ainsi une première droite AB sur laquelle le centre de gravité doit se trouver. Une nouvelle suspension par un point différent détermine une seconde droite CD, qui doit également contenir le centre de gravité. Celui-ci se trouve donc à l'intersection de AB et de CD.

On voit en outre que si l'on suspendait un corps, tour à tour, par autant de points que l'on voudrait, les directions du cordon suspenseur dans ces différents cas iraient toutes se croiser au même point, le centre de gravité du corps.

5. Points, lignes, surfaces sous le rapport du centre de gravité. — La méthode expérimentale que nous venons d'employer ne suppose aucune régularité de distribution de matière dans le corps considéré. Que ce corps soit *homogène* ou *hétérogène*, c'est-à-dire que ses molécules soient pareilles les unes aux autres ou qu'elles ne le soient pas, rapprochées ou éloignées, également ou inégalement distantes, le centre de gravité se trouvera toujours au point de rencontre de deux directions du cordon suspenseur. Mais lorsqu'il faut appliquer les théories géométriques à la recherche du centre de gravité, une condition est indispensable, savoir a parité parfaite des molécules et leur égale distribution.

Nous supposerons donc désormais les corps *homogènes*, ou composés de molécules exactement pareilles et régulièrement groupées entre elles ; de manière que les forces élémentaires agissant sur ces molécules, non seulement seront parallèles, mais encore seront toutes égales. En outre, les conceptions purement abstraites de la géométrie sur le point, la ligne et la surface, seront ici, en quelque sorte, matérialisées. Le point sera une masse de matière infiniment petite ; et tous les points auront même poids. La ligne sera conçue comme une file de points matériels ; et la surface comme une série de lignes matérielles justaposées.

6. Centre de figure. — Un point qui divise en deux parties égales toutes les droites se terminant soit au périmètre d'une étendue superficielle, soit à la surface d'un corps, se nomme *centre de figure*. L'existence de ce point n'est pas générale, elle est propre à certaine configurations plus ou moins régulières. Ainsi, le centre de figure d'une circonférence, d'un cercle, d'une sphère, n'est autre que leur centre géométrique. Le centre de figure d'un parallélogramme et d'un parallélipipède, se trouve à l'intersection des diagonales, car toute droite menée par ce point d'intersection, et terminée au périmètre du parallélogramme, ou bien à la surface du parallélipipède, est divisée en deux parties égales. Enfin, le centre de figure d'un cylindre à bases parallèles est au milieu de son axe ; celui d'une ellipse et d'un ellipsoïde se confond avec le centre géométrique.

Le centre de gravité d'une ligne droite homogène est évidemment au milieu de cette droite ; car si l'on considère ses points matériels pris deux à deux à égale distance des extrémités, la résultante partielle fournie par chaque paire de points aura son point d'application au milieu de la droite ; il en sera donc de même pour la résultante générale.

Il suit de là que, *dans tout corps homogène, le centre de figure*, lorsqu'il y en a un, *est le même point que le centre de gravité ;* car de part et d'autre de ce centre de figure, il y a sur chaque droite le même nombre de points matériels sollicités par des forces égales. Donc : la circonférence, le cercle, la sphère, l'ellipse, l'ellipsoïde, ont leur centre de gravité au centre géométrique ; le parallélipipède et le parallélogramme l'ont à l'intersection de leurs diagonales ; le cylindre à bases parallèles a le sien au milieu de l'axe.

7. Centre de gravité du périmètre d'un triangle. — Considérons le triangle ABC (fig. 33) dont les trois côtés sont des lignes matérielles telles que nous venons de les définir, et proposons-nous la recherche du centre de gravité de ces trois droites ou du périmètre du triangle. — Les forces agissant sur AB peuvent être remplacées par une seule P, appliquée au milieu M et égale à la somme des composantes et par conséquent proportionnelle à la longueur de AB. — De même, les forces élémentaires agissant sur les points de AC, ont pour résultante P' appliquée au milieu M' et proportionnelle à AC ; et celles qui agissent sur BC ont pour résultante P'' appliquée au milieu M'' et proportionnelle à BC. La question revient ainsi à trouver le point d'application de la résultante des trois forces P, P' P''.

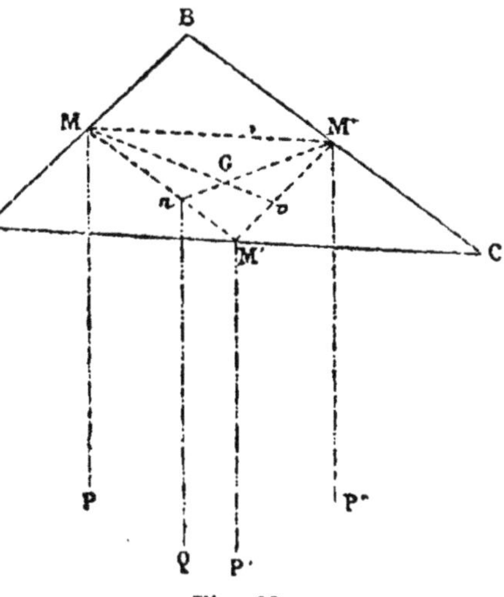

Fig. 33.

D'abord P et P' se composent en une seule Q appliquée en un point n tel que l'on ait :

$$\frac{nM}{nM'} = \frac{P'}{P};$$

ou bien à cause de la proportionnalité des forces P et P aux longueurs AB et AC :

$$\frac{nM}{nM'} = \frac{AC}{AB}.$$

Mais comme M, M', M'' sont les milieux des trois côtés du triangle, on a : AC = 2 MM'', et AB = 2 M'M''. Le rapport $\frac{AC}{AB}$ devient ainsi $\frac{AC}{AB} = \frac{2\,MM''}{2\,M'M''} = \frac{MM''}{M'M''}$; et l'égalité qui précède est remplacée par

$$\frac{nM}{nM'} = \frac{MM''}{M'M''}.$$

C'est-à-dire que le point n divise la base MM' du triangle MM'M'' en deux segments proportionnels aux côtés adjacents MM'' et M'M''; il appartient donc à la bissectrice de l'angle MM''M'.

Il reste maintenant à composer la force Q avec la force P″. Leur résultante aura son point d'application quelque part sur la droite M″n, bissectrice de l'angle MM″M′; et ce point d'application sera le centre de gravité cherché.

En commençant la composition des forces par P′ et P″, on établirait, par un raisonnement pareil, que la résultante générale doit avoir son point d'application sur Mv bissectrice de l'angle M′MM″. Le centre de gravité cherché se trouve ainsi en G, intersection des bissectrices.

Donc : *Le centre de gravité du périmètre d'un triangle se trouve au point d'intersection des bissectrices du triangle que l'on forme en joignant les milieux des côtés du triangle proposé.*

8. **Centre de gravité de l'aire d'un triangle.** — Divisons le triangle ABC (fig. 34), parallèlement à la base BC, en bandes infiniment minces que nous pourrons considérer comme autant de lignes droites. Chacune de ces bandes, chacune de ces droites a son centre de gravité au milieu ; par conséquent, le triangle, somme de ces bandes infiniment étroites, a son centre de gravité sur la ligne qui passe suivant tous les milieux, c'est-à-dire sur la droite, dite *médiane*, joignant le sommet A au milieu de la base BC.

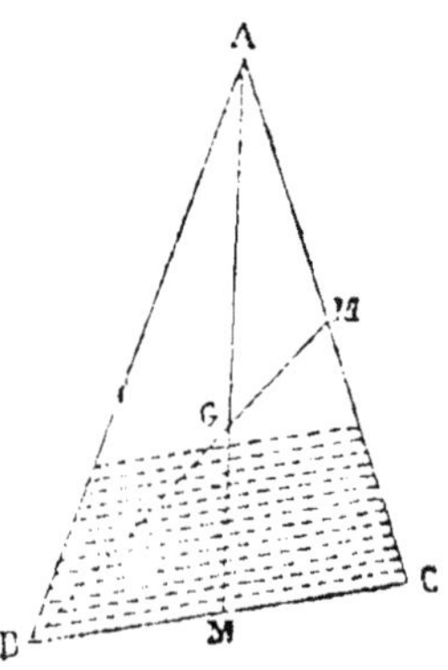

Fig. 34.

Au moyen d'une décomposition pareille faite parallèlement à AC, on établirait de même que le centre de gravité du triangle se trouve sur la médiane BM′. Il se trouve par conséquent en G, intersection de AM et de BM′.

Donc : *Le centre de gravité de l'aire d'un triangle se trouve à l'intersection des médianes.* La géométrie démontre que les médianes se coupent au tiers de leur longueur à partir de la base, ou aux deux tiers à part du sommet. Il suffit donc de mener une médiane et d'en prendre le tiers à partir de la base ou les deux tiers à partir du sommet, pour obtenir le centre de gravité de l'aire d'un triangle.

9. Remarque. — Supposons trois masses égales ayant leurs centres de gravité aux trois sommets A, B et C d'un triangle, et proposons-nous de déterminer le centre de gravité de l'ensemble. Les masses B et C fourniront une résultante appliquée en M milieu de BC ; et cette résultante combinée avec la masse A conduira au centre de gravité situé sur la médiane AM. — En commençant par les masses A et C, on verrait de même que le centre de gravité doit être sur la médiane BM'. Par conséquent, le centre de gravité de ces trois masses est le même que le centre de gravité de l'aire du triangle.

10. Centre de gravité de l'aire d'un trapèze. — Soit le trapèze ABCD (fig. 35). Divisons-le en bandes infiniment minces parallèlement aux bases AB et CD. Ces bandes, considérées comme des lignes droites, auront leur centre de gravité chacune en son milieu. Le centre de gravité du trapèze doit donc se trouver sur la droite qui passe par tous ces milieux, c'est-à-dire sur la droite MN joignant les milieux des bases du trapèze.

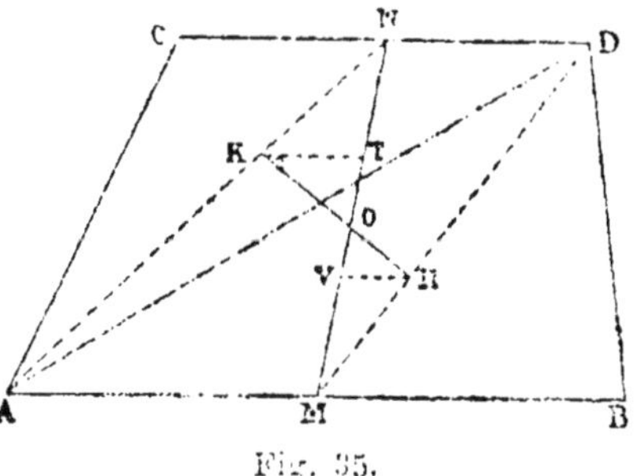

Fig. 35.

Menons maintenant la diagonale AD. Le triangle ACD a son centre de gravité sur la médiane AN, en un point K tel que NK est le tiers de NA. Pareillement, le triangle ADB a son centre de gravité sur la médiane DM, en un point H tel que MH est le tiers de MD. Supposons appliquées en K et en H deux forces parallèles, proportionnelles aux surfaces des deux triangles ACD et DAB ; il suffira de chercher le point d'application de leur ré sultante pour avoir le centre de gravité du trapèze formé de ces deux triangles. Mais cette résultante a évidemment son point d'application sur la droite KH. Le centre de gravité du trapèze se trouve ainsi en O, intersection de NM et de KH.

Proposons-nous de déterminer par le calcul la position du point O. A cet effet, menons KT et HV parallèles aux bases. Désignons par b la base CD, et par B la base AB. Puisque NK est le tiers de NA, NT est aussi le tiers de NM, et KT est le tiers de AM ou le sixième de AB, c'est-à-dire est égal à $\frac{1}{6}$ B. En second lieu, MH étant le tiers de MD, MV est le tiers de MN, et VH est le tiers de ND, ou bien est égal à $\frac{1}{6}b$. Puisque NT d'une part et MV de l'autre valent chacune le tiers de NM, TV vaut l'autre tiers. Ainsi, les trois longueurs NT, TV, VM sont égales, et représentent chacune le tiers de NM. Nous désignerons par m ce tiers de NM.

Les deux triangles semblables OVH et OTK donnent :

$$\frac{\text{OV}}{\text{OT}}=\frac{\text{VH}}{\text{KT}},\ \text{ou bien}\ \frac{\text{OV}}{\text{OT}+\text{OV}}=\frac{\text{VH}}{\text{KT}+\text{VH}}$$

Mais $\text{OT}+\text{OV}=\text{TV}=m$; on a donc :

$$\text{OV}=\frac{\text{VH}.\,m}{\text{KT}+\text{VH}}=\frac{\frac{1}{6}b\,m}{\frac{1}{6}\text{B}+\frac{1}{6}b}=\frac{b\,m}{\text{B}+b}$$

Ajoutant de part et d'autre VM, c'est-à-dire m, il viendra :

$$\text{OV}+\text{VM}=\text{OM}=\frac{b\,m}{\text{B}+b}+m=\frac{2\,b\,m+\text{B}m}{\text{B}+b}.$$

Pour obtenir ON, le calcul est le même. De l'égalité

$$\frac{\text{TO}}{\text{OV}}=\frac{\text{TK}}{\text{VH}}$$

on déduit :

$$\frac{\text{TO}}{\text{TO}+\text{OV}}=\frac{\text{TK}}{\text{TK}+\text{VH}},\ \text{c'est-à-dire}\ \frac{\text{TO}}{m}=\frac{\text{TK}}{\text{TK}+\text{VH}}.$$

Donc :

$$TO = \frac{m\,TK}{TK + VH} = \frac{\frac{1}{6}B.m}{\frac{1}{6}B + \frac{1}{6}b} = \frac{Bm}{B+b}.$$

Ajoutons de part et d'autre TN ou bien m, nous aurons :

$$TO + TN = ON = \frac{Bm}{B+b} + m = \frac{2Bm + bm}{B+b}.$$

Nous obtenons ainsi pour les deux segments en lesquels le centre de gravité O divise la médiane MN du trapèze :

$$OM = \frac{2bm + Bm}{B+b}, \text{ et } ON = \frac{2Bm + bm}{B+b}.$$

Le rapport de ces deux segments est :

$$\frac{OM}{ON} = \frac{2bm + Bm}{B+b} \cdot \frac{B+b}{2Bm + bm} = \frac{2b + B}{2B + b}.$$

La détermination géométrique du point O se déduit aisément de la formule à laquelle nous venons d'arriver. Prolongeons en sens inverse les deux bases du trapèze (fig. 36). Prenons CM égal à AB, et AH égal à CD. Joignons MH. L'intersection de cette droite avec la médiane IK est le centre de gravité du trapèze. En effet, les deux triangles semblables GIM et GKH donnent

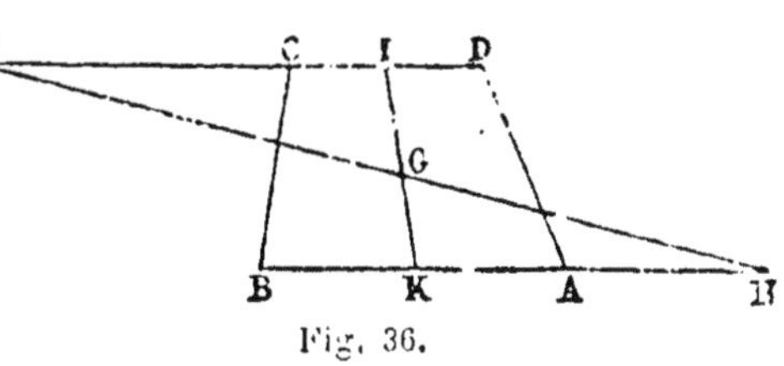

Fig. 36.

$$\frac{GK}{GI} = \frac{KH}{IM} = \frac{KA + AH}{IC + CM} = \frac{\frac{1}{2}B + b}{\frac{1}{2}b + B} = \frac{2b + B}{2B + b};$$

résultat conforme à celui que nous a donné le calcul des deux segments. Le centre de gravité de l'aire d'un trapèze s'obtient donc graphiquement de la manière suivante :

On mène la médiane, c'est-à-dire la droite qui joint les milieux des deux bases. Sur la gauche, on prolonge la base supérieure d'une quantité égale à la base inférieure; et sur la droite, on prolonge la base inférieure d'une quantité égale à la base supérieure. On joint les deux points ainsi déterminés. L'intersection de cette droite avec la médiane est le centre de gravité du trapèze.

11. Centre de gravité de l'aire d'un polygone quelconque. — On divise le polygone en triangles par des diagonales, et au centre de gravité de chacun de ces triangles, on applique une force verticale proportionnelle à l'aire du triangle. Le problème revient alors à trouver le point d'application de la résultante de forces parallèles et de même sens.

12. Centre de gravité de la pyramide triangulaire. — Soit la pyramide triangulaire ABCD (fig. 37). Prenons F milieu de CD, et menons AF et BF. Déterminons les points g' et g de manière que Fg soit le tiers de FB, et Fg' le tiers de FA; ces points seront les centres de gravité des faces triangulaires CDB et CDA.

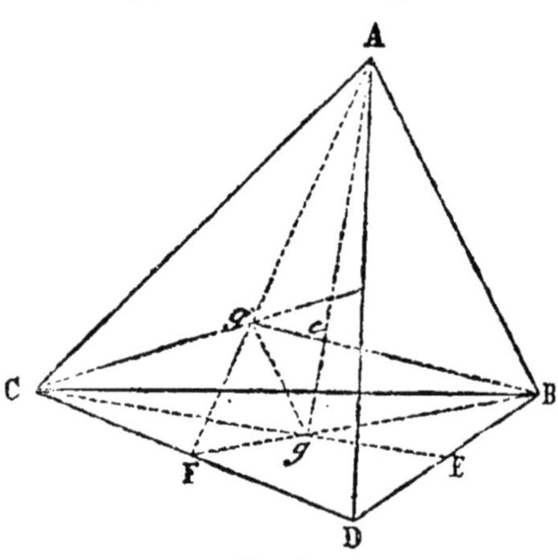

Fig. 37.

Actuellement décomposons la pyramide en lames infiniment minces parallèlement à la base BCD. Ces lames pourront être considérées comme des triangles; et leurs centres de gravité se trouveront tous sur la droite qui joint le sommet A de la pyramide au point g centre de gravité de la base BCD. Donc la pyramide, somme de ces lames, a son centre de gravité sur Ag. — En décomposant la pyramide en lames infiniment minces parallèlement à la face ACD, on verrait de même que son centre de gravité doit se trouver sur Bg', joignant le sommet B au centre de gravité g' de la face opposée. Le centre de gravité de la pyramide est donc en c, intersection des deux droites Bg' et Ag, contenues toutes les deux dans le plan AFB.

Examinons maintenant la position du point c soit sur Bg', soit sur Ag. Puisque Fg est le tiers de FB, et Fg' le tiers de FA, la droite gg' est parallèle à AB et en vaut le tiers. Les deux triangles cgg' et cBA sont alors semblables ; et puisque gg' vaut le tiers de AB, gc vaut le tiers de cA, ou bien le quart de la ligne entière gA. De même $g'c$ vaut le tiers de cB, ou le quart de g'B.

Donc : *Pour avoir le centre de gravité d'une pyramide triangulaire, on joint le sommet au centre de gravité de la base, et l'on prend sur cette droite le quart à partir de la base, ou les trois quarts à partir du sommet.*

En prenant pour base tour à tour chacune des quatre faces de la pyramide triangulaire, on obtiendrait quatre droites qui toutes doivent contenir le centre de gravité. Donc, si l'on joint chaque sommet d'une pyramide triangulaire au centre de gravité de la face opposée, les quatre droites concourent au même point, qui est le centre de gravité de la pyramide, et se coupent mutuellement en deux segments dont le rapport est celui de 1 à 3.

13. Centre de gravité d'une pyramide quelconque. — Le polygone de la base est décomposé en triangles servant chacun de base à une pyramide triangulaire. Les centres de gravité de ces diverses pyramides se trouvent tous dans le plan de la section faite parallèlement à la base polygonale au quart de la hauteur de la pyramide, et ils se confondent avec les centres de gravité des triangles de cette section. Or ces triangles sont proportionnels à ceux de la base, qui eux-mêmes sont proportionnels aux volumes des pyramides triangulaires, puisque celles-ci ont même hauteur. Il suffit donc de composer des forces verticales appliquées aux centres de gravité des triangles de la section et proportionnelles à l'aire de ces triangles, pour obtenir la résultante générale et son point d'application. Mais le point ainsi déterminé n'est autre chose évidemment que le centre de gravité du polygone de la section.

Donc : *Le centre de gravité d'une pyramide quelconque est le centre de gravité de l'aire de la section faite par un plan parallèle à la base, au quart de la hauteur à partir de la base, ou aux trois quarts à partir du sommet.*

14. Centre de gravité du cône. — Le cône étant assimilé à une pyramide dont les faces latérales seraient en nombre infini, on voit que *son centre de gravité se trouve sur l'axe au quart à partir de la base ou aux trois quarts à partir du sommet.*

15. Centre de gravité du prisme. — Que le prisme soit droit ou oblique, triangulaire ou polygonal, il suffit de le décomposer en lames infiniment minces par des plans parallèles aux bases, pour voir que *son centre de gravité se trouve au milieu de la droite joignant les centres de gravité des deux bases.*

CHAPITRE V

PROPRIÉTÉS GÉOMÉTRIQUES DU CENTRE DE GRAVITÉ

1. Lemme 1. — Proposons-nous de déterminer le centre de gravité d'un nombre arbitraire de points A, B, C, D, H, également pesants, distribués comme on voudra, soit dans un même plan, soit dans des plans différents (fig. 38). Appelons P le poids de chacun, et remplaçons-le en chaque point par 2 fois $\frac{P}{2}$. En composant $\frac{P}{2}$ pris en A avec $\frac{P}{2}$ pris en B, on aura une résultante P appliquée en A′ milieu de AB. De même, en composant $\frac{P}{2}$ pris en B avec $\frac{P}{2}$ pris en C, on obtiendra une résultante P appliquée au point B′ milieu de BC. En continuant de la sorte, le système de forces égales appliquées aux sommets du polygone ABCDH sera remplacé par un système des mêmes forces, des mêmes poids P appliqués aux sommets du polygone A′ B′ C′ D′ H′, formé en joignant deux à deux les milieux des côtés du premier polygone.

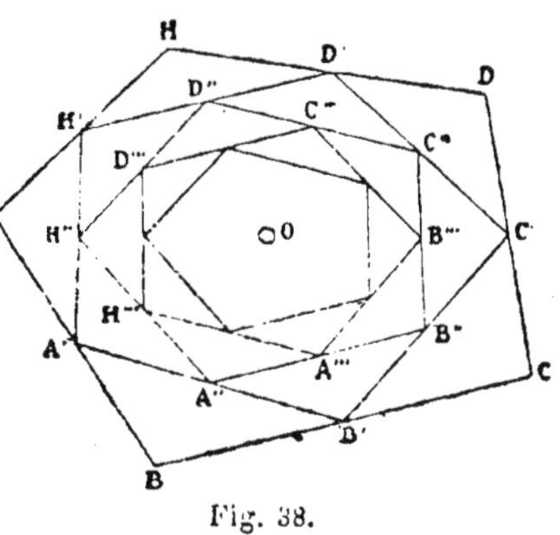

Fig. 38.

Le même raisonnement ferait voir que le système des forces P appliquées en A′, B′, C′, etc., peut être remplacé par le système des mêmes forces appliquées en A″, B″, C″, etc., milieux des côtés du polygone A′ B′ C′ D′ H′. A son tour le système A″ B″ C″, etc., deviendrait A‴ B‴ C‴, etc. ; et ainsi de suite de proche en proche indéfiniment.

Or, les polygones que l'on obtient de la sorte, en joignant deux à deux les milieux du polygone précédent, deviennent de plus en plus petits, et ont pour limite un polygone infiniment rétréci, c'est-à-dire un point O auquel seraient appliquées les cinq forces P du polygone primitif ABCDH. Ce point O, sur lequel agit la résultante 5 P, est le centre de gravité des cinq points donnés A, B, C, D, H.

Donc : *Le centre de gravité d'un système de points également pesants est la limite des polygones que l'on obtient en joignant deux à deux les milieux des côtés du polygone qui précède.*

2. Lemme 2. — Soit un système arbitraire de points A, B, C, D, H, contenus dans un seul plan (fig. 39). Recommençons la construction précédente, c'est-à-dire joignons deux à deux les milieux des côtés du polygone qui précède. Il s'agit de démontrer que *la somme des perpendiculaires abaissées des divers sommets sur un axe quelconque* XY *mené dans ce plan, est la même quel que soit le polygone considéré.*

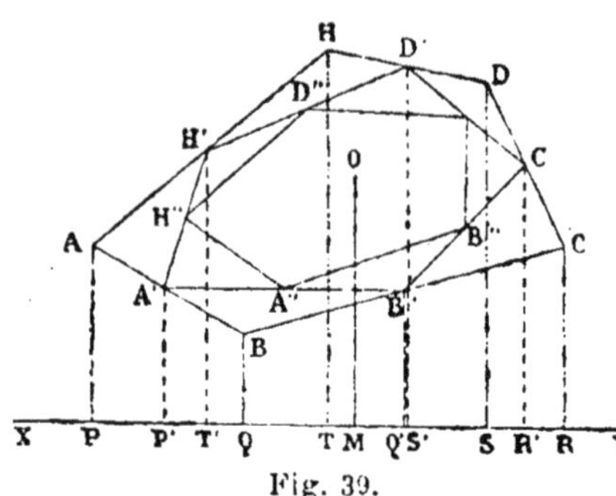

Fig. 39.

En effet, la figure ABPQ étant un trapèze et A' étant le milieu de AB, on a :

$$2\,A'P' = AP + BQ.$$

On a pareillement :

$$2\,B'Q' = BQ + CR$$
$$2\,C'R' = CR + DS$$
$$2\,D'S' = DS + HT$$
$$2\,H'T' = HT + AP.$$

Ajoutant membre à membre et divisant de part et d'autre par 2, on obtient :

$$A'P' + B'Q' + C'R' + D'S' + H'T' = AP + BQ + CR + DS + HT.$$

On établirait de même que la somme des perpendiculaires reste constante pour le troisième polygone, le quatrième, le cinquième, indéfiniment.

3. Théorème 1. — Mais en continuant de la sorte, on finirait par arriver au polygone limite, c'est-à-dire au point O, centre de gravité des points A, B, C, D, H, supposés également pesants. Pour ce polygone limite, pour ce point, les cinq perpendiculaires seraient égales et auraient pour valeur commune OM. Leur somme devant être égale à l'une quelconque des sommes précédentes, on obtiendrait donc

$$5\,OM = AP + BQ + CR + DS + HT.$$

Semblable résultat s'obtiendrait pour un nombre arbitraire n de points. Si donc on représente par P la perpendiculaire abaissée du centre de gravité, et par p, p', p'', p''', p^{IV}, etc., les perpendiculaires abaissées des divers points, on aura :

$$nP = p + p' + p'' + p''' + p^{IV} + \text{etc.}$$

D'où

$$P = \frac{p + p' + p'' + p''' + p^{IV} + \text{etc.}}{n.}:$$

c'est-à-dire que P est la moyenne entre les perpendiculaires p, p', p'', etc.

Donc : *Un nombre quelconque de points également pesants étant donnés dans un plan, la distance de leur centre de gravité à un axe arbitraire tracé dans ce plan est la moyenne des distances de ces points au même axe.*

4. Théorème 2. — Une courbe quelconque AB (fig. 40) tourne autour de l'axe XY contenu dans son plan, et engendre une surface dont il s'agit de trouver la valeur. A cet effet, divisons AB en un certain nombre n de parties égales, assez petites pour que chacune puisse être considérée comme une ligne droite. Si nous représentons par l la longueur de la courbe AB, $\frac{l}{n}$ sera la valeur de l'une de ces parties, de CD par exemple. Prenons H

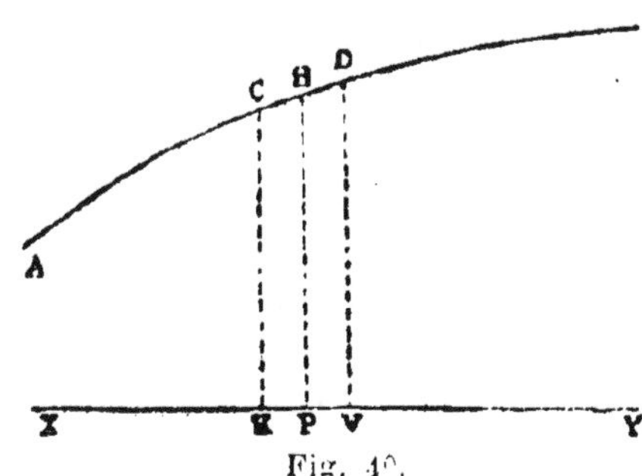

Fig. 40.

milieu de CD, assimilé à une ligne droite; et abaissons sur l'axe les perpendiculaires CK, HP, DV. Représentons enfin par p la perpendiculaire HP.

L'élément de surface engendré par CD en tournant autour de l'axe XY sera un tronc de cône ayant pour valeur

$$\text{Surf CD} = \text{CD}.\ 2\pi\,\text{HP}\,;$$

ou bien en nous servant de la notation proposée

$$\text{Surf CD} = \frac{l}{n}\, 2\pi p.$$

Pour un autre élément engendré par une même longueur d'arc $C'D' = \frac{l}{n}$, mais correspondant à la perpendiculaire p', on aura pareillement :

$$\text{Surf C}'\text{D}' = \frac{l}{n}\, 2\pi p'.$$

Et ainsi de suite. En faisant la somme de toutes ces égalités, on obtiendra la surface totale engendrée par AB :

$$\text{Surf AB} = \frac{l}{n}\, 2\pi p + \frac{l}{n}\, 2\pi p' + \frac{l}{n}\, 2\pi p'' + \text{etc.}\,;$$

ou bien

$$\text{Surf AB} = l.\ 2\pi\, \frac{p + p' + p'' + p''' + \text{etc.}}{n}.$$

Si l'on suppose n infiniment grand, les éléments CD, C'D', etc., deviennent les points dont la courbe AB se compose ; et les longueurs p, p', p'', etc., sont les perpendiculaires abaissées de ces points. Mais, d'après le théorème précédent, si P est la perpendiculaire abaissée du centre de gravité, on doit avoir :

$$\text{P} = \frac{p + p' + p'' + p''' + \text{etc.}}{n}.$$

L'expression de la surface devient alors :

$$\text{Surf AB} = l.\ 2\pi\,\text{P}.$$

Le facteur $2\pi P$ représente une circonférence ayant P pour rayon. Donc : *La surface engendrée par une courbe quelconque tournant autour d'un axe, est égale au produit de la longueur de la courbe génératrice par la circonférence que le centre de gravité de cette courbe décrit autour de l'axe.*

5. Applications. — Surface du tore. — Le beau théorème auquel nous venons d'arriver peut servir à deux fins : 1° connaissant le centre de gravité de la courbe génératrice, trouver la surface engendrée ; 2° connaissant la surface engendrée, trouver le centre de gravité de la courbe génératrice. Nous allons donner un exemple de l'un et de l'autre cas.

Le cercle O tournant autour de l'axe XY engendre un solide que l'on appelle *tore* (fig. 41). Désignons par r le rayon du cercle et par p la perpendiculaire OP. D'après ce qui vient d'être démontré, la surface du tore est le produit de $2\pi r$, longueur de la ligne génératrice, par $2\pi p$, circonférence que décrit le centre de gravité O. On a donc :

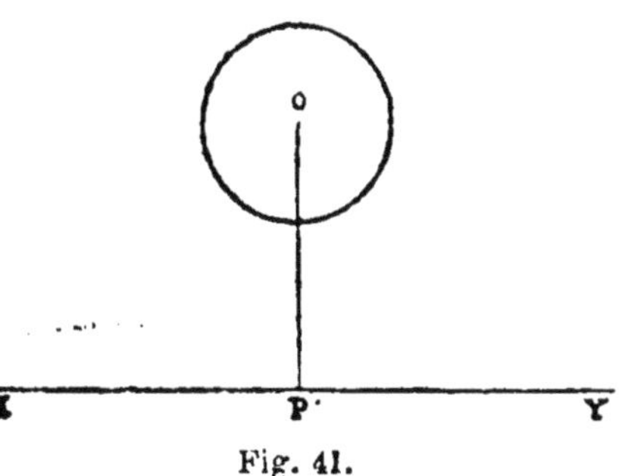

Fig. 41.

$$S = 2\pi r . 2\pi p = 4\pi^2 rp.$$

Si l'axe était tangent, p vaudrait r; et la surface du tore deviendrait :

$$S = 4\pi^2 r^2 = (2\pi r)^2.$$

Dans ce cas particulier, la surface du tore est donc égale au carré de la circonférence génératrice.

6. Applications. — Centre de gravité d'un arc de cercle. — Soit AB l'arc de cercle dont il s'agit de déterminer le centre de gravité (fig. 42). Tous les points de l'arc étant deux à deux symétriquement distribués par rapport à la droite MO joignant le centre au milieu de l'arc, c'est évidemment sur cette droite que doit se trouver le point demandé. Il suffit donc de déterminer GO, distance du centre de gravité G au centre géométrique O.

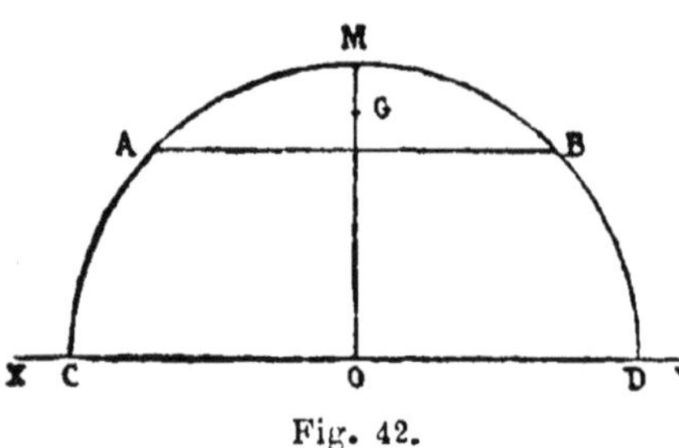

Fig. 42.

Or, si l'arc tourne autour du diamètre CD parallèle à sa corde, il engendre une zone sphérique dont la valeur est $2\pi r . c$, expression dans laquelle r représente le rayon OD de l'arc, et c la corde AB.

D'autre part, si l'on désigne par x la perpendiculaire GO, et par a la longueur de l'arc, d'après le théorème ci-dessus, la surface engendrée par l'arc est $a . 2\pi x$. On a donc :

$$a . 2\pi x = 2\pi r . c; \quad \text{ou bien } ax = rc.$$

$$x = \frac{rc}{a}.$$

La distance GO est donc une quatrième proportionnelle entre la longueur de l'arc, la corde et le rayon.

Si l'arc est la demi-circonférence, a vaut πr, c vaut $2r$ et la distance x devient :

$$x = \frac{2r}{\pi}.$$

7. **Théorème 3.** — La surface ABCD tournant autour de l'axe XY (fig. 43), engendre un volume dont nous nous proposons d'exprimer la valeur. Décomposons la surface ABCD en éléments rectangulaires, égaux entre eux, et dont les côtés, soient les uns perpendiculaires, les autres parallèles à l'axe XY. Soit *abcd* l'un de ces

éléments. Le volume qu'il engendre est égal à la diffé-

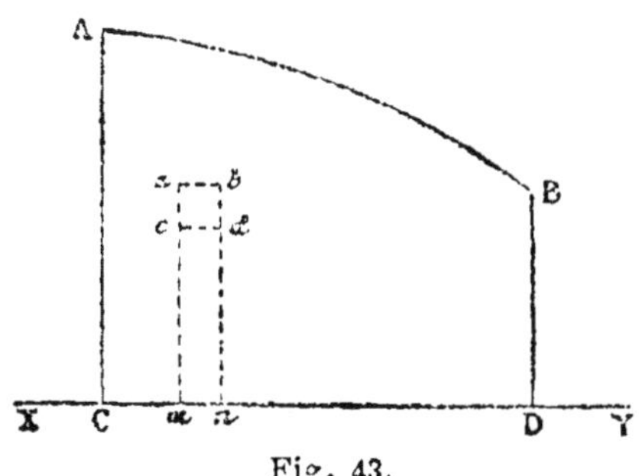

Fig. 43.

rence des cylindres ayant pour rayon l'un am, l'autre cm. On a donc :

$$\text{Vol. } abcd = \pi . \overline{am}^2 . ab - \pi . \overline{cm}^2 . ab = \pi (\overline{am}^2 - \overline{cm}^2) ab.$$

Ou bien :

$$\text{Vol. } abcd = \pi (am + cm)(am - cm) ab = \pi (am + cm) ac . ab$$
$$= 2\pi \frac{am + cm}{2} ac . ab.$$

Mais $ac.ab$ est la surface s de l'élément $abcd$; et $\frac{am + cm}{2}$ est la perpendiculaire p abaissée sur l'axe du centre de figure du rectangle $abcd$. Si la surface génératrice ABCD, surface que nous représentons par S, est divisée en n éléments égaux, la valeur s de chacun de ces éléments sera $\frac{S}{n}$, et l'expression précédente deviendra :

$$\text{Vol. } abcd = \frac{S}{n} 2\pi . p.$$

Pour d'autres éléments $a'b'c'd'$, $a''b''c''d''$, etc., dont les perpendiculaires abaissées du centre de figure seraient p', p'', etc., on aurait pareillement :

$$\text{Vol. } a'b'c'd' = \frac{S}{n} 2\pi . p'$$

$$\text{Vol.}\, a''b''c''d'' = \frac{S}{n}\, 2\pi . p''$$

etc.....

Ajoutant membre à membre ces égalités, et représentant par V le volume total, il vient :

$$V = \frac{S}{n}\, 2\pi(p + p' + p'' + \text{etc.}) = S\, 2\pi\, \frac{p + p' + p'' + \text{etc.}}{n}.$$

Si n est infiniment grand, V est le volume engendré par la surface ABCD ; les éléments rectangulaires *abcd* se réduisent aux points dont cette surface se compose ; et les longueurs p, p', p'', etc., sont les perpendiculaires abaissées de ces divers points sur l'axe. Le facteur $\frac{p + p' + p'' + \text{etc.}}{n}$ est la moyenne des distances de ces points à l'axe, et vaut par conséquent la perpendiculaire P abaissée de leur centre de gravité sur ce même axe. On obtient donc finalement :

$$V = S . 2\pi P.$$

Donc : *Le volume engendré par une surface plane tournant autour d'un axe est égal au produit de la surface génératrice par la circonférence que décrit autour du même axe le centre de gravité de cette surface.*

8. Applications. Volume du tore. — Comme le précédent, le théorème actuel peut servir à deux fins : 1° Connaissant le centre de gravité de la surface génératrice, trouver le volume engendré ; 2° connaissant le volume engendré, déterminer le centre de gravité de la surface génératrice. Occupons-nous d'abord du premier cas, et proposons-nous de trouver le volume du tore.

Soient r le rayon du cercle générateur et p la perpendiculaire abaissée sur l'axe par le centre de gravité du cercle, qui n'est autre chose que le centre géométrique. La surface génératrice est πr^2, et la circonférence décrite par le centre de gravité est $2\pi p$. Le volume du tore est alors :

$$V = \pi r^2 . 2\pi p = 2\pi^2 r^2 p.$$

Si l'axe est tangent $p = r$ et le volume devient :

$$V = 2\pi^2 r^3.$$

9. Applications. Centre de gravité du demi-cercle. — A cause de la distribution symétrique des points du demi-cercle par rapport au rayon OM passant par le milieu de la demi-circonférence (fig. 44), le centre de gravité doit se trouver sur OM, en un point C dont il s'agit de déterminer la distance CO au centre. Appelons x cette distance, et r le rayon du demi-cercle.

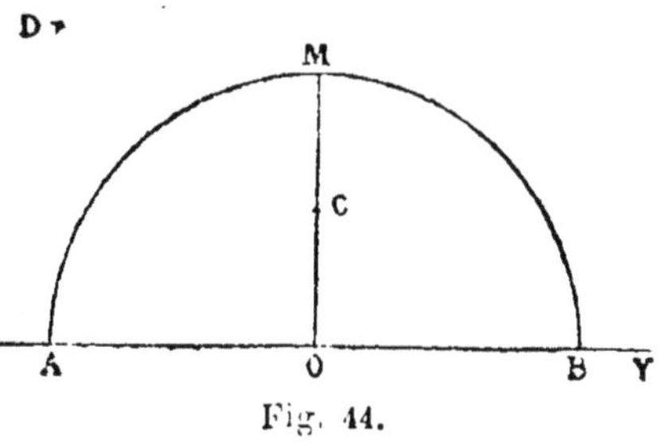

Fig. 44.

La surface génératrice a pour valeur $\frac{1}{2}\pi r^2$, et la circonférence décrite par son centre de gravité en tournant autour de l'axe XY est représentée par $2\pi x$. Le volume engendré par le demi-cercle tournant autour de son diamètre AB est donc : $\frac{1}{2}\pi r^2 . 2\pi x = \pi^2 r^2 x$.

D'autre part, le volume engendré par le demi-cercle est une sphère ayant pour valeur $\frac{4}{3}\pi r^3$. On a donc :

$$\pi^2 r^2 x = \frac{4}{3}\pi r^3, \quad x = \frac{4r}{3\pi}.$$

CHAPITRE VI

COMPOSITION D'UN SYSTÈME QUELCONQUE DE FORCES APPLIQUÉES A UN CORPS SOLIDE

1. Théorème 1. — Des forces en nombre quelconque F, F′, F″, etc., et dirigées comme on voudra dans l'espace, sont appliquées aux points M, M′, M″, etc., faisant partie d'un corps solide, ou bien liés invariablement à celui-ci (fig. 45). Prenons trois points arbitraires, A, B

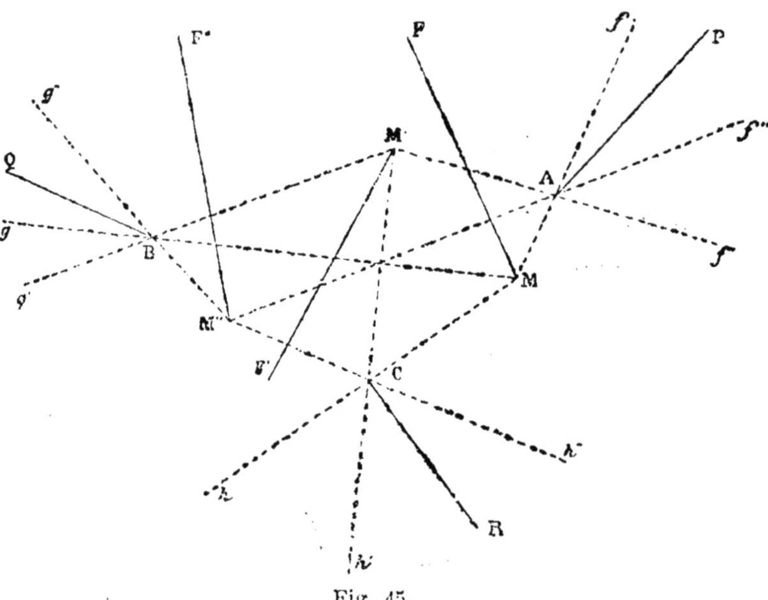

Fig. 45.

et C. Joignons le point M à ces trois points A, B, C. D'après la règle du parallélipipède des forces, on pourra décomposer F en trois forces f, g et h, dirigées suivant les droites MA, MB, MC. Donnons à f le point d'application A, pris sur sa direction, à g le point d'application B, à h le point d'application C.

Répétons la même construction pour la force F′ : joignons son point d'application aux trois points A, B, C; et remplaçons F' par trois composantes f', g', h', dirigées suivant M'A, M'B, M'C. Enfin, supposons appliquées ces trois composantes aux points A, B et C, pris sur leurs directions.

De la même manière, la force F'' sera remplacée par les composantes f'', g'', h'', appliquées en A, B, C. Continuant de la sorte pour toutes les forces du système, en quelque nombre qu'elles soient, nous obtiendrons finalement trois groupes de composantes f, f', f'', f''', etc., appliquées en A; g, g', g'', g''', etc., appliquées en B; h, h', h'', h''', etc., appliquées en C. Mais chacun de ces groupes a une résultante, puisque toutes les forces en sont appliquées à un même point, savoir la résultante P pour le premier groupe, Q pour le second, R pour le troisième.

Donc : *Toutes les forces en nombre quelconque, agissant sur un corps solide, peuvent se réduire à trois appliquées à trois points arbitrairement choisis dans le corps.*

Les trois points choisis pourraient même être pris hors du corps, à la condition qu'ils lui fussent invariablement liés. Si les trois forces P, Q, R, étaient contenues dans un même plan, on déterminerait la résultante R' de deux quelconques d'entre elles, P et Q par exemple ; et si cette résultante R' était égale et directement opposée à la troisième force R, il y aurait équilibre. Dans le cas contraire, on composerait R' avec R, et leur résultante R'' tiendrait lieu du système primitif, réduit de la sorte à une force unique.

2. Théorème 2. — Mais, en général, les trois forces P, Q, R se trouvent dans des plans différents ; et alors la simplification ne peut être conduite aussi loin. Toutefois, *il est toujours possible de réduire les forces en nombre quelconque agissant sur un corps solide, à deux forces, dont l'une est appliquée à un point pris à volonté*. Tel est le sujet de ce théorème.

D'après ce qui précède, toutes les forces du système

se ramènent à trois, P, Q, R, appliquées en des points arbitrairement choisis, A, B, C. Par le point A et suivant la direction de BQ (fig. 46), menons un plan M ; menons-en un autre N par le même point A et suivant la direction de CR. Soit AD l'intersection des deux plans. Sur cette intersection prenons un point quelconque H et joignons-le aux points B et C. Joignons aussi le point A aux points B et C. Décomposons maintenant la force Q en deux autres q et q' suivant les directions AB et HB. Décomposons pareillement R en deux forces r et r

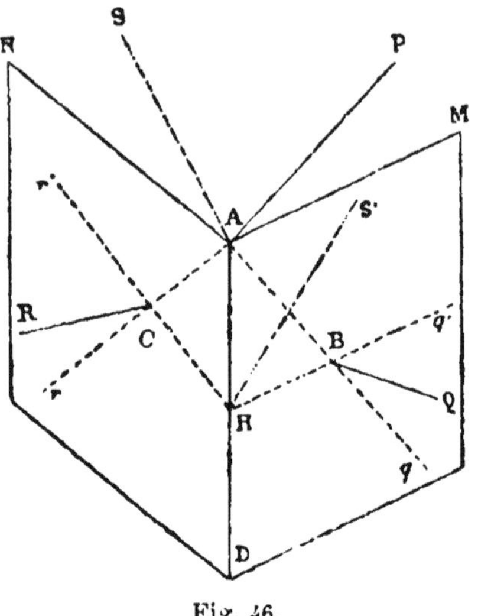

Fig. 46.

suivant les directions AC et HC. Supposons q' et r' appliquées en H sur leur direction ; q et r appliquées en A, également sur leur direction. Au lieu des trois forces P, Q et R, nous avons ainsi d'une part q' et r', appliquées en H ; d'autre part P, q, r, appliquées en A. Mais les forces q' et r', ayant même point d'application H, se composent en une seule S' ; de même P, q et r appliquées en A, se composent en une seule S. Tout le système des forces quelconques agissant sur le corps se réduit ainsi à deux, dont l'une est appliquée en A, point que l'on peut choisir à volonté, puisque les trois points A, B et C ont été pris arbitrairement.

3. Condition générale de l'équilibre. — Les deux forces S et S' remplaçant l'ensemble des forces qui agissent sur le corps, pour qu'il y ait équilibre il faut et il suffit que S et S' se détruisent mutuellement, ce qui aura lieu à la seule condition que ces deux forces soient égales et directement opposées. Pour être directement opposées, elles doivent agir en sens contraire aux deux extrémités de la droite AH qui joint leurs points d'application. Ainsi, dans le cas de l'équilibre, S′ et S ont toutes les deux la direction AH.

Mais S′ étant la résultante de q' et de r', doit être constamment avec celles-ci dans le même plan. Si donc HS′ prend la direction HA, les trois droites HA, Hq', Hr', doivent appartenir au même plan ; c'est-à-dire que les deux plans M et N se confondent en un seul. Cela étant, les deux forces R et Q ont une résultante qui, l'équilibre ayant lieu, doit être égale et directement opposée à la troisième force P. Cette dernière, à son tour, est donc contenue dans le même plan qui contient déjà Q et R.

Donc : *Un système quelconque de forces étant appliqué à un corps solide, l'équilibre est possible à la condition que toutes ces forces puissent se réduire à trois contenues dans un même plan. Dans le cas contraire, l'équilibre est impossible.*

En second lieu, *l'une quelconque des trois forces contenues dans un même plan doit être égale et directement opposée à la résultante des deux autres.*

DEUXIÈME PARTIE

MACHINES SIMPLES

CHAPITRE PREMIER

LEVIER. — BALANCES

1. Machines. — On appelle *machines* des appareils à l'aide desquels on fait agir des forces contre d'autres forces. On peut les considérer, bien que cela ne soit pas toujours leur emploi réel, comme destinées à utiliser une force dont on dispose et nommée *puissance*, pour en vaincre une autre, dite *résistance*, et lui faire équilibre par l'intermédiaire d'un obstacle inébranlable ou *appui*.

Les machines sont *simples* ou *composées*. Comme leur nom l'indique, les machines simples comprennent les appareils les plus élémentaires ; les principales, sont : le *levier*, le *treuil*, le *plan incliné*. Les machines composées, si complexes qu'elles soient, se ramènent à des systèmes de machines simples, communiquant entre elles et assemblées de telle ou de telle autre manière, fort variable suivant le but que l'on se propose.

2. Levier. Ses différents genres. — Une tige rigide, de forme arbitraire, pouvant tourner autour d'un point fixe, telle est la machine simple que l'on nomme *levier*. Le levier est dit *droit*, *coudé* ou *courbe* suivant que la tige est elle-même droite, coudée ou courbe. Dans le cas le plus simple, deux forces au moins agissent sur un levier, quel qu'il soit : la *résistance* à vaincre et la *puissance* qui sert à la vaincre. Or, par rapport aux points d'application de ces deux forces, le point d'appui peut occuper trois positions différentes ; de là trois genres de levier.

Dans le levier de premier genre, le point d'appui est entre la puissance et la résistance. Soit par exemple un bloc de pierre à soulever (fig. 47). Le levier AB a pour

Fig. 47.

point d'appui C. La résistance qu'il faut vaincre est celle du bloc agissant en B ; la puissance en action est la pesée de l'ouvrier agissant en A suivant AP. Le point d'appui est donc ici entre la résistance et la puissance, ce qui caractérise le levier du premier genre. Les mêmes conditions sont réalisées dans le levier coudé de la figure 48, où O est le point d'appui, A le point d'appli-

Fig. 48.

cation de la puissance, B le point d'application de la résistance.

Dans le levier de second genre, la résistance agit entre le point d'appui et la puissance. Tel est le cas de la figure 49,

Fig. 49.

où l'ouvrier soulève le bloc de pierre en appuyant son levier en O en en relevant la barre. La résistance est appliquée en B et la puissance en A.

Dans le levier du troisième genre, la puissance agit entre le point d'appui et la résistance. Considérons, par exemple, la pédale au moyen de laquelle le rémouleur met la roue en mouvement. Cette pédale repose par une extrémité sur le sol ; voilà le point d'appui. A l'autre extrémité est fixée la corde qui communique le mouvement à la roue ; voilà la résistance. Enfin, entre les deux extrémités agit la puissance, c'est-à-dire la pression du pied du rémouleur. Le levier de troisième genre est fréquent dans l'organisation de l'homme et des animaux. Ainsi, pour rapprocher l'avant-bras du bras (fig. 50), la force en action ou puissance résulte de la contraction d'un muscle représenté ici par le ressort *r*. Le point d'application de la puissance est donc en *a ;* le point d'appui est en *b*; la résistance *p*, abstraction faite du poids de l'avant-bras, est le corps tenu dans la main.

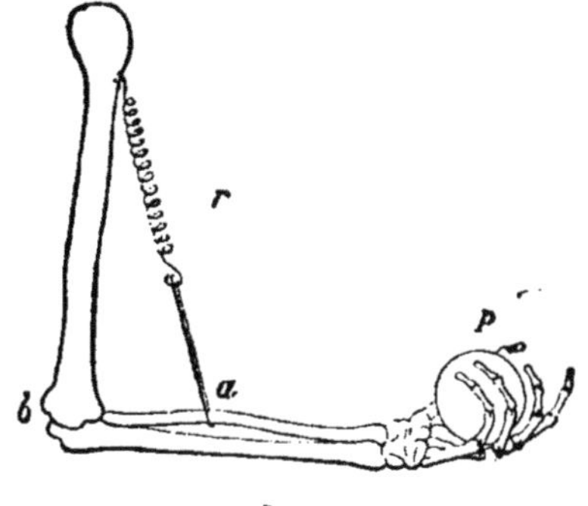

Fig. 50.

3. Condition générale d'équilibre du levier. — Soit AOB un levier de forme quelconque sollicité par deux forces P et Q, représentant l'une la puissance, l'autre la résistance; soit aussi O le point d'appui (fig. 51). Le levier est supposé une ligne mathématique, dépourvue de poids, de manière que les seules forces à considérer sont P et Q. Pour l'équilibre, il faut et il suffit que P et Q aient une résultante passant par le point d'appui, car alors cette résultante sera détruite par l'obstacle inébranlable que le point d'appui lui opposera. La figure 51 se rapporte à un levier du premier genre; mais le même raisonnement est applicable à tout genre de levier. Dans tous les cas, l'équilibre exige que la puissance et la résistance aient une résultante, et de plus que cette résultante passe par le point d'appui. La première condition veut que P et Q soient contenus dans un même plan, sinon la résultante serait impossible; la seconde condition veut à son tour que le point d'appui O soit dans le plan des deux forces. Ainsi les deux forces et le point d'appui doivent être contenus dans un même plan.

Fig. 51.

Donc : *Pour l'équilibre du levier il est nécessaire et il suffit :* 1° *que la puissance et la résistance soient dans un même plan avec le point d'appui;* 2° *que leur résultante passe par ce point d'appui.*

4. Relation entre la puissance et la résistance. — Il

vient d'être établi que le point d'appui O (fig. 52) se trouve sur la direction de la résultante des deux forces P et Q, dans le cas de l'équilibre. D'autre part, il a été démontré que, par rapport à un point quelconque pris sur la résultante, les moments de deux composantes sont égaux et de signe contraire, c'est-à-dire correspondent à des rotations de sens inverse. Du point O, abaissons donc O*b* et O*a* perpendiculaires sur les directions des forces P et Q. Le moment de P par rapport au point O sera P. *a* O ; celui de Q sera Q. *b* O. On doit donc avoir :

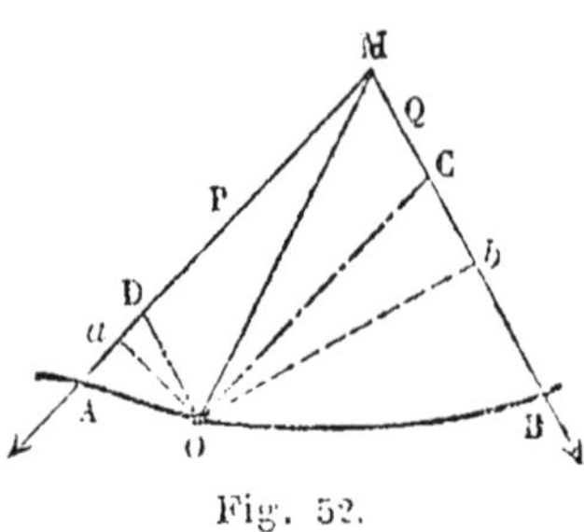

Fig. 52.

$$P.\,aO = Q.\,bO.$$

Ainsi, *pour l'équilibre du levier, les moments de la puissance et de la résistance par rapport au point d'appui, doivent être égaux et de sens opposé.*

On nomme *bras de levier* la perpendiculaire O*a* abaissée du point d'appui sur la direction de la force P; pareillement O*b* est le bras du levier de la force Q. Or la relation précédente équivaut à celle-ci :

$$\frac{P}{Q} = \frac{bO}{aO}.$$

Donc : *Pour l'équilibre, la puissance et la résistance doivent être en raison inverse de leurs bras de levier.*

Ces conditions d'équilibre sont obtenues sans qu'il soit nécessaire de spécifier la position du point d'appui ; elles s'appliquent par conséquent à tous les genres de levier. Soit, par exemple, le levier de la figure 53, où O est le point d'appui, P la puissance et Q la résistance. L'équilibre exige que l'on ait P. aO = Q. bO. De plus, ces moments doivent correspondre à des rotations de sens opposé, comme on le voit d'après la figure.

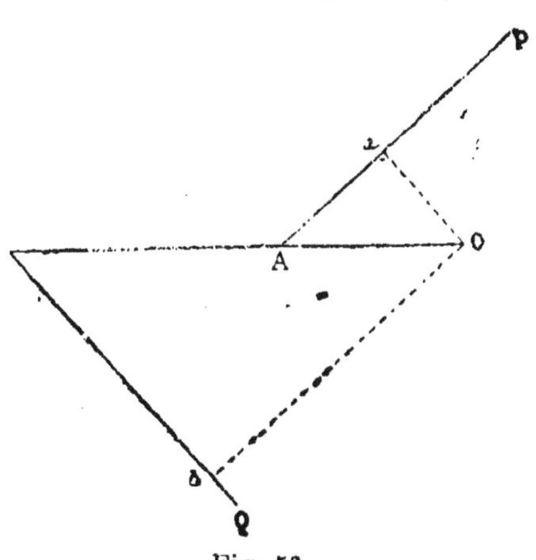

Fig. 53.

5. Équilibre du levier dans le cas de plusieurs forces. — Si le levier était sollicité par un nombre arbitraire de forces, parmi lesquelles peut se trouver le poids du levier appliqué au centre de gravité de celui-ci, les conditions générales de l'équilibre resteraient les mêmes : ces forces devraient avoir une résultante, et cette résultante devrait passer par le point d'appui.

6. Balances. — On nomme balances des appareils basés sur la théorie du levier et destinés à déterminer le poids des corps. Considérons un levier de premier genre, formé d'une ligne droite, et sollicité à ses extrémités par des poids P et P', c'est-à-dire par des forces parallèles. Pour l'équilibre de ces deux poids, il faut que leur résultante passe par le point d'appui du levier. Or, nous avons vu que la résultante de deux forces parallèles divise la droite joignant les points d'application de celles-ci en deux segments inversement proportionnels aux forces. Le point d'appui du levier doit donc remplir la même condition si l'équilibre a lieu. Le levier étant supposé une ligne droite, appelons l le segment du côté de P et l' le segment du côté de P'. Ces deux segments portent le nom de *bras de levier*, expressions dont nous venons déjà de nous servir pour désigner les perpendiculaires abaissées du point d'appui du levier sur les directions des forces. Ce double emploi est sans inconvénient aucun lorsque le levier est droit, parce que le rapport des deux lignes considérées actuellement est le même que celui des perpendiculaires. La théorie des forces parallèles conduit ainsi à la condition d'équilibre

$$\frac{P}{P'} = \frac{l'}{l},$$

c'est-à-dire que *les poids doivent être en raison inverse de leurs bras de levier.*

Si les bras de levier l et l' sont égaux, l'instrument est la *balance ordinaire*, et les deux poids en équilibre P et P' sont égaux entre eux. — Si les deux bras de levier sont inégaux, l'instrument est la *balance romaine*, et les deux poids en équilibre sont eux-mêmes inégaux.

7. Balance ordinaire. — La pièce principale de la balance ordinaire est un levier du premier genre, consistant en une solide tige métallique FF' (fig. 54) nommée

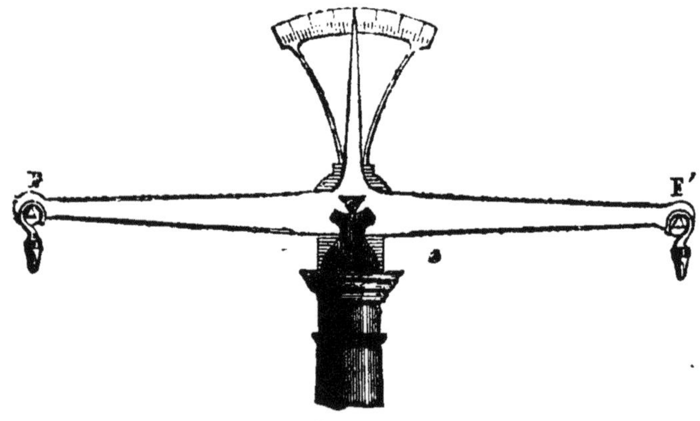

Fig. 54.

fléau. Cette tige est traversée en son milieu et perpendiculairement à sa longueur, d'un axe ou support taillé en fine arête à son extrémité inférieure et nommé *couteau* à cause de sa disposition tranchante. Le couteau repose par son arête sur un *appui* d'acier ou de toute autre matière fort dure, placé à l'extrémité supérieure du pied de la balance. L'arête tranchante du couteau a pour objet d'annuler, autant que possible, le frottement en ne laissant reposer le fléau sur son appui que suivant une ligne sans épaisseur sensible ; et la matière dure de l'appui, matière que le couteau ne peut entamer, a pour effet d'empêcher la formation de sillons ou rainures qui entraveraient à la longue le jeu de la balance.

La première condition qu'une bonne balance doit remplir, c'est l'égalité en longueur des deux bras de levier, c'est-à-dire l'exacte position du point d'appui au milieu du fléau, sinon l'équilibre de l'appareil ne serait plus le signe de l'égalité des charges. Ajoutons encore que les deux bras de levier doivent être pareils sous le rapport de la pesanteur, afin que le poids de l'ensemble soit détruit par la résistance du point d'appui, et que ce fléau se maintienne horizontal de lui-même. Pour reconnaître si ces conditions sont remplies, on met dans le bassin de la balance deux corps qui se fassent équilibre; puis on les change de place. Si l'équilibre a encore lieu, les deux bras de levier sont pareils; dans le cas contraire, non.

Du milieu du fléau s'élève une aiguille verticale, et le pied de la balance porte lui-même, à sa partie supérieure, un arc divisé de droite et de gauche en parties égales. Le zéro placé au milieu de l'arc correspond à la verticale. La balance est en équilibre quand l'aiguille du fléau s'arrête en face du zéro. Avant même que le fléau soit devenu immobile, on peut constater l'égalité des charges des bassins. Cette égalité a lieu lorsque l'aiguille exécute à droite et à gauche du zéro des oscillations d'égale amplitude.

Aux deux extrémités du fléau sont suspendus les *plateaux* ou *bassins*, destinés à recevoir les poids et les corps à peser. Les chaînes ou tiges qui les soutiennent se terminent par un crochet reposant sur un couteau à arête vive, disposition qui donne aux bassins une grande mobilité autour de leur point de suspension.

Dans les balances de précision, pour éviter que le couteau du fléau se fatigue et s'émousse en reposant continuellement sur le plan d'agate ou d'acier qui lui sert d'appui, ce qui nuirait avec le temps à la sensibilité de l'appareil, au repos le fléau est soutenu par un support à deux branches appelé *fourchette* DE (fig. 55),

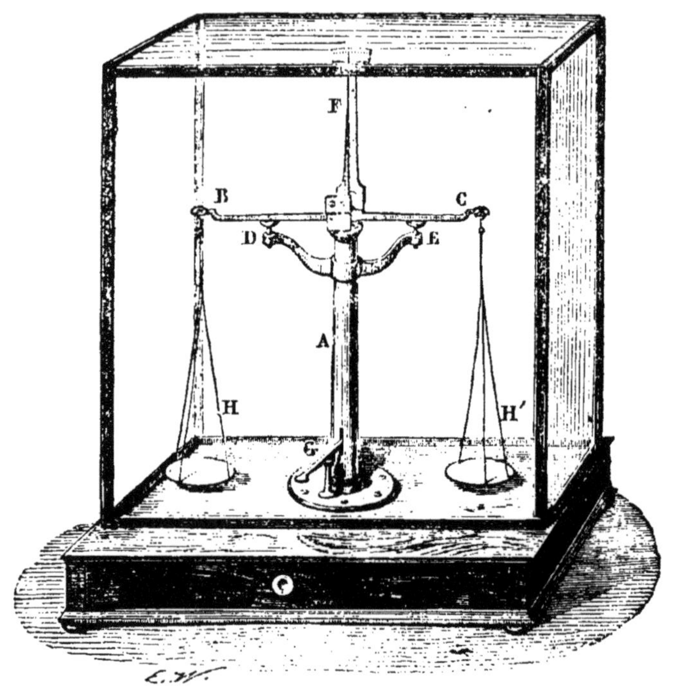

Fig. 55.

de manière que le couteau n'a aucun contact avec le plan d'appui. Pour exécuter une pesée, on presse sur le levier G. Ce levier pousse de bas en haut un axe disposé dans le pied A de la balance et portant le plan d'appui à sa partie supérieure. Ainsi, un peu exhaussé, le plan d'appui vient se mettre en rapport avec le couteau du fléau ; ce dernier est soulevé au-dessus de la fourchette et reprend sa mobilité.

8. Conditions que doit remplir le centre de gravité du fléau. — Les deux bras de levier étant pareils de longueur et de poids, le centre de gravité du fléau se trouve évidemment sur la perpendiculaire passant par l'arête du couteau. Trois cas peuvent se présenter : 1° le centre de gravité se trouve au point d'appui même ; 2° il se trouve au-dessus de ce point d'appui ; 3° il se trouve au-dessous. Discutons isolément chacun de ces trois cas.

Si le centre de gravité se trouve au point d'appui, le poids du fléau, constamment annulé par la résistance de ce point, n'a aucun effet sur le jeu de l'appareil. Le fléau reste donc en équilibre dans quelque position qu'il se trouve, parce que son centre de gravité est toujours soutenu ; des poids égaux peuvent le tenir incliné ou non, et son horizontalité n'est plus le signe exclusif de l'égalité des poids. La balance est dite alors *indifférente*.

Soit maintenant AB (fig. 56) le fléau d'une balance.

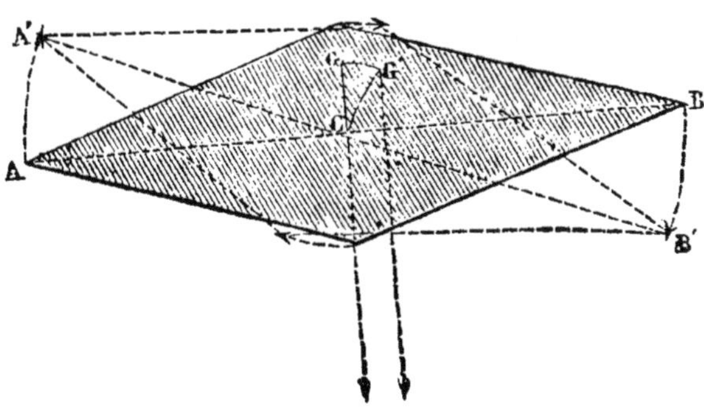

Fig. 56.

C étant le point d'appui, imaginons que le centre de gravité soit au-dessus, en G. Si un léger excès de poids se trouve du côté de B, le fléau inclinera un peu et prendra la position A'B', ce qui transportera le centre de gravité en G'. Mais dans cette nouvelle position, le centre de gravité G' n'est plus soutenu, puisque la verticale correspondante ne passe plus par le point d'appui. Le poids du fléau ajoute donc son effet à celui du corps suspendu en B, et l'appareil bascule complètement. On dit alors que la balance est *folle.*

Actuellement (fig. 57), le centre de gravité G se trouve

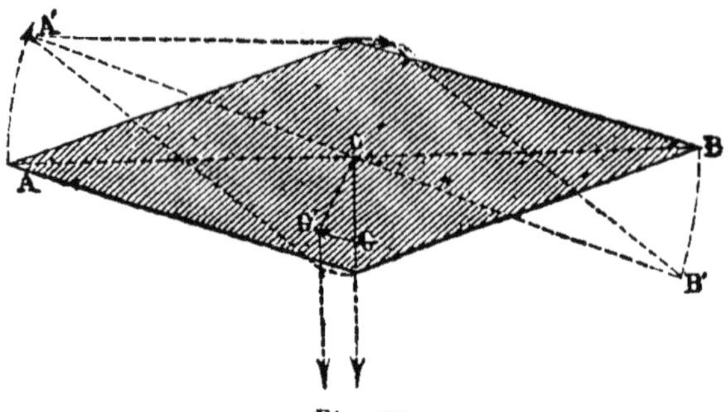

Fig. 57.

au-dessous du point d'appui C. Un excès de poids du côté de B fera prendre au fléau la position A'B', ce qui transportera le centre de gravité en G'. Il est visible que, dans ce cas, le poids du fléau agissant en G', au lieu d'ajouter son effet à celui du corps suspendu en B, s'exerce en sens inverse et tend à ramener l'appareil dans la position horizontale. Des trois cas que nous venons d'examiner, ce dernier est le seul possible dans la pratique. *Le centre de gravité du fléau d'une balance doit donc se trouver au-dessous du point de suspension.*

Reste à savoir s'il convient d'éloigner beaucoup le centre de gravité du point de suspension, ou de l'en éloigner peu. Remarquons que le fléau dans ses oscillations, résultat de la pesanteur, se comporte comme s'il était réduit à un seul point, son centre de gravité, lequel point aurait un poids égal à celui du fléau. Or, ce point, à son tour, oscille à la manière d'un pendule, dont les oscillations sont plus lentes à mesure que sa longueur est plus grande. Les oscillations du fléau seront donc plus lentes avec un centre de gravité situé plus bas ; elles seront plus rapides avec un centre de gravité plus rapproché du point d'appui. Avec un certain degré de lenteur oscillatoire, la balance est d'un emploi pénible, et d'ailleurs elle manque de sensibilité, c'est-à-dire qu'elle trébuche difficilement pour un faible excès de poids. Elle est dite alors *paresseuse*. En somme, le centre de gravité du fléau doit se trouver au-dessous du point de suspension, mais assez près de celui-ci.

9. Conditions d'une bonne balance. — En résumant ce qui précède, on voit qu'une balance, pour être bonne, doit remplir les conditions suivantes : — 1° *Elle doit être en équilibre quand les bassins ne sont pas chargés ;* 2° *les bras de levier doivent être égaux en longueur et en poids ;* 3° *le centre de gravité doit être, avec le point d'appui, sur une même perpendiculaire à la longueur du fléau ;* 4° *le centre de gravité du fléau doit être au-dessous du point d'appui.*

A ces conditions que toute balance doit remplir pour être juste, s'en adjoignent d'autres pour qu'elle soit *sensible*, c'est-à-dire propre à indiquer en trébuchant une différence de poids très petite. La *sensibilité* d'une balance exige : 1° *que le centre de gravité du fléau soit très près du point d'appui ;* 2° *que le fléau soit long ;* 3° *que le fléau soit léger, tout en possédant une rigidité suffisante pour supporter la charge des bassins.*

10. Méthode des doubles pesées. — Malgré tout le soin mis à leur construction, les balances sont plus ou moins défectueuses ; il est, par exemple, très difficile de donner aux bras du fléau une égalité rigoureuse. Heureusement, on peut faire des pesées très exactes même avec une balance fausse, à la seule condition que cette balance trébuche aisément, en d'autres termes soit sensible. Pour plus de clarté, désignons les deux plateaux par les lettres A et B. Nous mettons le corps à peser dans le plateau A, et nous lui faisons équilibre en mettant de la grenaille de plomb dans le plateau B. On enlève le corps du plateau A, et on le remplace par des poids marqués jusqu'à ce que ces poids équilibrent la grenaille de B. Ces poids sont la mesure exacte du poids du corps. En effet, le corps et les poids en question, placés tour à tour dans les mêmes circonstances, c'est-à-dire à l'extrémité du même bras de levier, produisent un effet identique en équilibrant la même charge de grenaille de plomb ; ils ont donc la même valeur. Cette méthode est connue sous le nom de *méthode des doubles pesées.*

11. Autre méthode. — Le moyen suivant conduit encore à une pesée exacte avec une balance fausse. Le corps est pesé deux fois : dans le bassin de droite et dans le bassin de gauche. La balance étant fausse par suite d'une légère inégalité dans les bras de levier, les deux poids trouvés sont inégaux. Désignons par l le bras de levier de droite ; par l' le bras de levier de gauche ; par p le poids qui, mis dans le bassin de droite, fait équilibre au corps placé dans le bassin de gauche ; et par p' le poids qui, mis dans le bassin de gauche, fait équilibre au corps placé dans le bassin de droite. Ni l'un ni l'autre de ces poids ne représente le poids réel du corps ; mais ils peuvent servir à trouver ce poids réel, que nous représenterons par x. D'après la théorie du levier, lorsque le fléau est en équilibre, le produit de chaque charge par la longueur du bras de levier correspondant, est le même de part et d'autre.

Cela étant, lorsque le corps placé dans le bassin de gauche fait équilibre au poids p dans le bassin de droite, on a :

$$xl' = pl.$$

La seconde pesée fournit de même :

$$xl = p'l'.$$

Multiplions ces deux égalités membre à membre et supprimons le facteur commun, nous aurons :

$$x^2 = pp', \quad \text{ou bien} \quad x = \sqrt{pp'}.$$

Le poids réel est donc la moyenne proportionnelle entre les résultats des deux pesées.

Les mêmes égalités donnent le rapport des longueurs des deux bras de levier. Divisons membre à membre la première par la seconde, et supprimons le facteur x commun au numérateur et au dénominateur. Il viendra :

$$\frac{l'}{l}=\frac{pl}{p'l'}, \text{ c'est-à-dire } \frac{l^2}{l'^2}=\frac{p'}{p}.$$

Ce qui revient à

$$\frac{l}{l'}=\frac{\sqrt{p'}}{\sqrt{p}}.$$

Les longueurs des deux bras de levier sont donc en raison inverse des racines carrées des résultats des deux pesées.

12. Balance à plateaux supérieurs. — Le commerce de détail, à la balance ordinaire, préfère la *balance de Roberval* ou à *plateaux supérieurs*, moins encombrante que la première et d'un emploi plus facile. Les plateaux y sont disposés au-dessus du fléau AB (fig. 58), position qui tend à faire bousculer l'appareil avec sa charge. On évite cet inconvénient au moyen d'un second fléau DE, parallèle au premier et dissimulé dans le pied de la balance. Les extrémités des fléaux sont reliées par des tringles AD et BE, qui plongent verticalement suivant l'axe de deux colonnes cylindriques terminant le support. Trop compliqué pour être sensible, pareil instrument ne peut servir à des pesées de précision.

Fig. 58.

13. Balance romaine. — L'une des plus anciennes applications du levier est la *balance romaine*, ou simplement *romaine*, dont l'antiquité latine faisait usage sous le nom de *statera*. C'est encore un levier droit de premier genre, mais à bras inégaux.

Le fléau de la romaine porte en C un couteau de suspension (fig. 59). Un second couteau A donne appui à

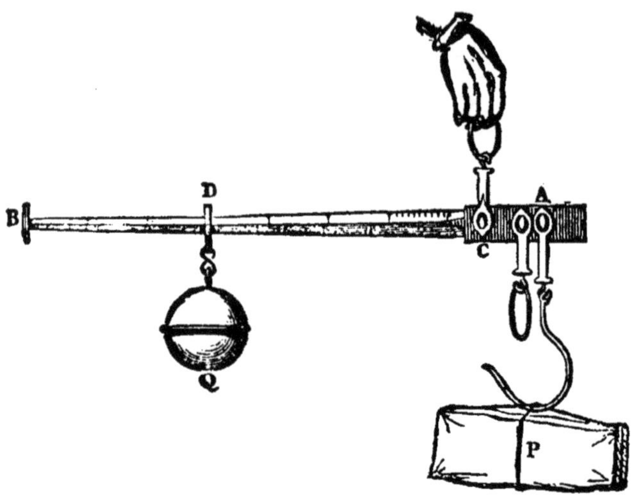

Fig. 59.

un crochet auquel on suspend le corps à peser. Ce crochet est parfois remplacé par un bassin destiné à recevoir le corps. Enfin, un poids constant ou *peson* Q, peut glisser, au moyen d'un anneau, le long du fléau et occuper telle position qu'il convient pour faire équilibre à la charge. Les deux bras de levier sont ainsi d'une part CA pour la résistance, et CD pour la puissance.

Supposons d'abord que le centre de gravité de tout l'appareil, fléau, crochet, bassin, non compris le peson, soit placé de telle sorte que sa verticale passe par le couteau de suspension ou appui C. La romaine sans charge sera d'elle-même en équilibre et pourra être considérée comme sans pesanteur. Maintenant, au crochet suspendons le corps P, et déplaçons le peson Q, jusqu'à ce que le fléau soit en équilibre et se maintienne horizontal. Dans ces conditions, on devra avoir :

$$P. AC = Q. DC.$$

Si donc, le bras de levier DC vaut *n* fois le bras de levier AC, le poids P à son tour vaut *n* fois le poids Q. Donnons au peson la valeur d'un kilogramme et portons sur CB, à partir de C, des longueurs égales à CA. Si le peson occupe, lors de l'équilibre, la sixième division, par exemple, cela signifie que le corps P, agissant sur un bras de levier six fois plus court, pèse six fois plus ou 6 kilogrammes.

Rien n'est donc plus facile que de graduer la romaine quand la verticale du centre de gravité de l'appareil passe par le couteau de suspension. Le zéro des divisions correspond à ce couteau, et les divisions elles-mêmes sont données par la longueur CA portées sur le bras CB autant de fois que sa longueur le permet. On achève la graduation en subdivisant en dixièmes les intervalles obtenus. Pour obtenir le poids d'un corps, il suffit de déplacer le peson jusqu'à équilibre et de lire sur le fléau l'indication correspondante.

Fréquemment, le fléau de la romaine porte double couteau de suspension, comme le représente la figure. Renversons l'appareil sens dessus dessous, et saisissons-le par l'anneau que la figure représente tourné en bas. Le bras de levier de la résistance ou du poids à mesurer sera plus court; par conséquent, pour un même éloignement de peson, celui-ci pourra équilibrer une charge plus considérable. Ainsi disposée, la romaine sera donc apte à de plus fortes pesées, au moyen d'une graduation, faite comme la première, mais différente pour la valeur des divisions.

14. Graduation de la romaine. — En général le centre de gravité de la romaine n'est pas au point de suspension ou sur sa verticale, ainsi que nous venons de le supposer ; et alors la graduation de l'appareil exige certaines considérations que nous allons développer. — Supposons que le centre de gravité soit en G (fig. 60), le point de suspension étant en O. Appelons P le poids de la romaine. Pour que le fléau soit en équilibre et se maintienne horizontal, il faudra placer le peson p en un certain point a, de manière que les moments P. OG et p. Oa soient égaux. La condition d'équilibre de la romaine sans charge sera donc :

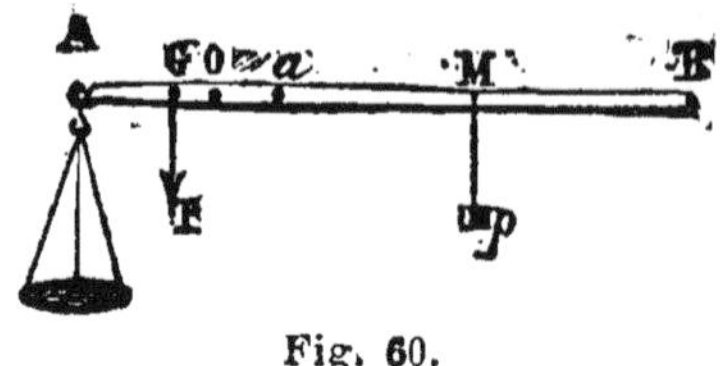

Fig. 60.

$$P. OG = p. Oa \ (1).$$

Maintenant plaçons dans le bassin un poids X. Pour l'équilibre, le peson devra être reculé et mis par exemple en M. Trois forces agissent de la sorte sur le levier : à gauche du point de suspension O, le poids X placé dans le bassin, et le poids P de la romaine appliqué en G ; à droite le poids p appliqué en M. Ces trois forces sont contenues dans le même plan, et pour l'équilibre leur résultante doit passer par le point O, appui qui la détruit. Par conséquent, par rapport à ce point, la somme des moments qui tendent à faire tourner dans un sens doit être égale à la somme des moments qui tendent à faire tourner dans l'autre sens. A gauche sont les moments X. OA et P. OG ; à droite est le moment p. OM. On a donc :

$$X. OA + P. OG = p. OM \ (2).$$

Retranchant membre à membre, l'égalité (1) de l'égalité (2), nous obtiendrons :

$$X. OA = p. OM - p. Oa = p (OM - Oa) = p. aM.$$

Si donc aM vaut n fois OA, X de son côté vaudra n fois p. Ainsi, pour graduer la romaine, on cherche une fois pour toutes le point a où il faut placer le peson pour qu'il y ait équilibre, l'appareil étant sans charge. Ce point est le zéro des divisions. Ensuite, à partir du point a, on porte, sur le bras B, la longueur OA autant de fois qu'elle peut y être contenue. A la division $n^{ième}$ ainsi obtenue correspond une pesée de n fois la valeur du poids p.

15. Bascule du commerce. — Pour les pesées courantes et surtout pour les fardeaux lourds, le commerce et les administrations de transport font usage d'un appareil très ingénieux, dit *bascule*, dont l'invention est due à Quintenz. La figure 61 en est la cpoue.

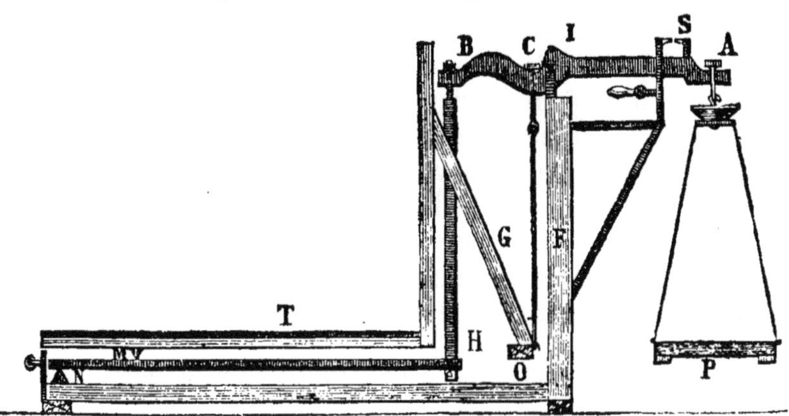

Fig. 61.

Un levier AB est mobile autour du point I, que supporte un appui inébranlable F. L'extrémité B de ce levier se relie, au moyen d'une tringle verticale H, à un second levier horizontal dont l'appui est en N. Sur ce second levier repose, au moyen de l'appui M, un tablier T sur lequel se met le fardeau à peser. Une tringle verticale CO et un arc-boutant G mettent en rapport le tablier avec le levier supérieur. En S sont deux index qui se correspondent quand le tablier est sans charge, ainsi que le plateau P, ou bien lorsque le tablier et le plateau sont chargés l'un et l'autre de manière à se faire équilibre. Une manette permet de tenir soulevé le levier AB quand l'appareil ne fonctionne pas, afin de ne pas fatiguer inutilement les axes de suspension. Remarquons enfin que les leviers sont disposés de telle manière que la longueur IC soit contenue dans IB autant de fois que NM est contenue dans la longueur totale du levier inférieur.

Ces détails de structure compris, supposons sur le tablier T un fardeau de poids Q. Il est toujours possible de remplacer cette force Q par deux autres q et q' qui lui soient parallèles et dont la somme $q + q'$ soit égale à Q. L'une d'elles, q par exemple, sera appliquée en M et agira ainsi sur le levier inférieur. L'autre, q', sera considérée comme agissant en O, lié au tablier au moyen de l'arc-boutant G; et par conséquent exercera son action au point C du levier AB par l'intermédiaire de la tringle OC. Admettons que NM soit contenue n fois dans la longueur totale du levier inférieur; cette condition, comme nous venons de le faire remarquer, entraînera cette autre pour le levier supérieur : $BI = n$ fois CI. Or par rapport au levier inférieur, la force q, agissant à l'extrémité du bras de levier NM, peut être remplacée par une force $\frac{q}{n}$ agissant à l'extrémité de la barre avec un bras de levier n fois plus long. Mais par l'intermédiaire de la tringle H, cette force $\frac{q}{n}$ agit en B sur le levier supérieur. Ainsi ce dernier levier est sollicité en C par la force q', et en B par la force $\frac{q}{n}$. Si maintenant à la force $\frac{q}{n}$ agissant à l'extrémité de IB, bras de levier n fois plus long, nous substituons une force n fois plus grande ou q agissant à l'extrémité de IC, bras de levier n fois plus court, nous verrons que le point C est sollicité par la somme des forces q et q', c'est-à-dire par le poids Q du fardeau déposé sur le tablier. Les choses se passent donc absolument comme si le fardeau était appendu au point C du levier supérieur.

Par conséquent, autant de fois IA contiendra IC, autant de fois le poids du fardeau équivaudra au poids mis sur le plateau P. Si le rapport de IA à IC est celui de 10 à 1, la bascule est dite au *dixième;* un kilogramme sur le plateau équilibre dix kilogrammes sur le tablier. Pour les fardeaux considérables, on fait emploi de bascules au *centième*. Alors IA vaut 100 fois IC, et un kilogramme déposé sur le plateau fait équilibre à cent kilogrammes.

Dans la bascule telle que nous venons de la décrire, le bras de levier de la puissance est de longueur invariable, et par conséquent les poids mis sur le plateau varient suivant le fardeau qu'il s'agit de peser. Mais rien n'empêche de faire intervenir ici le principe de la romaine, et alors un poids constant ou peson, convenablement avancé ou reculé sur le levier, permet de faire équilibre à un fardeau quelconque. Une lecture sur le levier gradué donne immédiatement le poids cherché (fig. 62). L'appareil prend alors le nom de *bascule-romaine*.

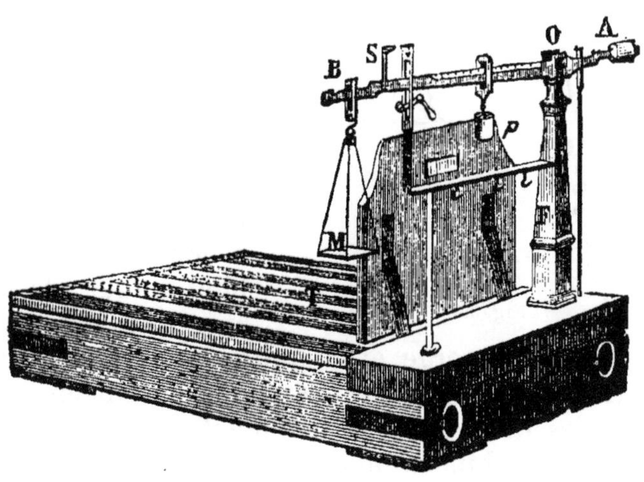

Fig. 62.

CHAPITRE II

POULIE. — TREUIL. — PLAN INCLINÉ

1. Poulie. — Une roue en bois ou en métal A (fig. 63), creusée en son contour d'une rainure *g* dite *gorge*, peut tourner librement autour d'un axe *o*. Elle est embrassée sur les deux faces par une pièce *c*, appelée *chape*, que termine un crochet servant à fixer l'appareil ou bien à suspendre un fardeau. Tantôt l'axe fait corps avec la roue, et alors il tourne dans deux ouvertures pratiquées dans la chape ; tantôt il est lui-même fixé à la chape, et c'est la roue seule qui est mobile autour de cet axe. Une corde *mm* s'engage dans la gorge et la quitte de part et d'autre tangentiellement. A partir des points de tangence, les deux parties de la corde se nomment *brins* ou *cordons*. Telle est la machine simple nommée *poulie*.

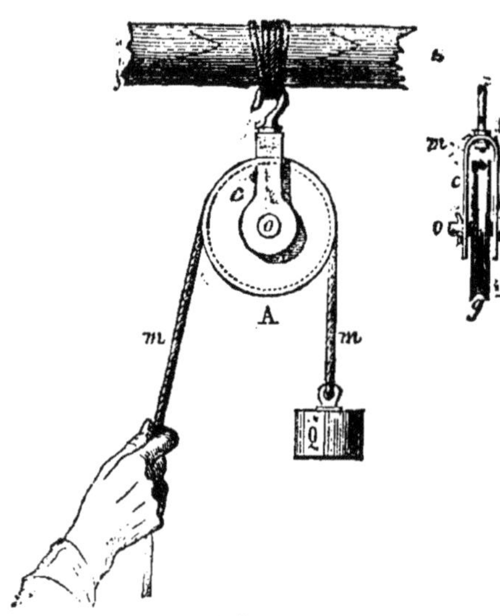

Fig. 63.

2. Équilibre de la poulie fixe. — La poulie est appelée *fixe* lorsque sa chape est attachée à un point fixe, comme le représente la figure 63.

Soit une poulie O, fixée en C par sa chape (fig. 64). Elle est sollicitée par deux forces P et Q agissant dans la direction des cordons AP, BQ. Menons OA et OB, rayons des points de tangence. La ligne AOB est un levier coudé de premier genre, dont l'appui est l'axe O, retenu lui-même par la chape et son point d'attache. Les deux bras de levier OA et OB étant égaux, les deux forces P et Q, pour se faire équilibre, doivent être égales. Donc : *dans la poulie fixe, la puissance* P *et la résistance* Q *sont égales.*

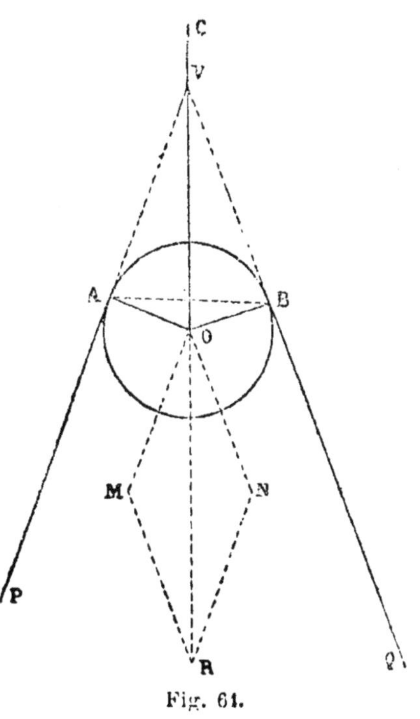

Fig. 61.

La charge supportée par l'axe a pour valeur la résultante de P et Q, résultante qui, pour l'équilibre, doit passer par le point d'appui, et par conséquent être dirigée suivant CO. On peut donc prendre pour son point d'application, soit V où vont concourir les deux cordons, soit O centre de la poulie. En ce point O, construisons le losange OMNR, dans lequel OM et ON représentent les deux forces égales P et Q. OR sera la résultante et par conséquent la charge que supporte l'axe de la poulie.

Joignons AB. Les deux triangles AOB et OMR sont semblables et en outre isocèles. La similitude résulte des côtés perpendiculaires deux à deux. On a ainsi :

$$\frac{OR}{OM} = \frac{AB}{AO}.$$

Mais OR est la résultante ou bien la charge supportée par l'axe, OM est l'une des composantes égales, AB est la corde géométrique de l'arc embrassé par la corde de la poulie, enfin AO est le rayon de la poulie.

Donc : *La charge supportée par l'axe et l'une des deux forces égales agissant sur la poulie, sont dans le même rapport que la corde de l'arc embrassé et le rayon.*

Si les forces P et Q sont parallèles, AB devient un diamètre, et la charge de l'axe devient égale à 2 P ou à la somme de P et de Q, ce qui d'ailleurs est évident.

3. Poulie mobile. — La poulie est dite *mobile* lorsque sa chape peut se déplacer. Alors au crochet de la chape est suspendu le corps qu'il s'agit de mouvoir. L'une des extrémités de la corde enroulée autour de la gorge est attachée à un point fixe, et l'autre reçoit la force de traction (fig. 65).

Dans une corde tendue, les diverses parties éprouvent un effort dont le résultat serait de les séparer si elles ne résistaient par une suffisante liaison mutuelle. Cet effort se nomme *tension*. Il est le même dans toute la longueur de la corde. Concevons (fig. 66) une corde attachée à un point fixe par l'une de ses extrémités, et supportant à l'autre extrémité un poids P, après s'être enroulée sur une poulie A. Tendue par ce poids P, la corde éprouve partout la même tension ; et cette tension, envisagée comme force, est précisément égale à P. En deux de ses points *d* et *d'*, intercalons, en effet, deux dynamomètres ; nous les verrons fléchir également, et indiquer par leur flexion un effort égal à P. Pareil résultat s'obtiendrait en quelque point de la corde que fût placé le dynamomètre. Par le fait de sa tension, une *corde*

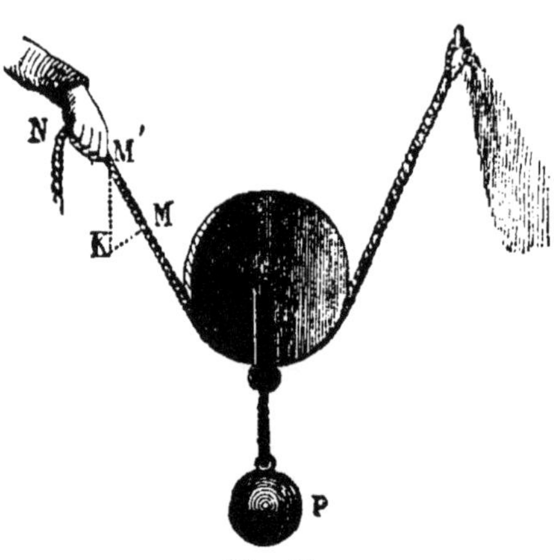

Fig. 65.

réagit donc suivant toute sa longueur avec une force égale à celle qui sert à la tendre.

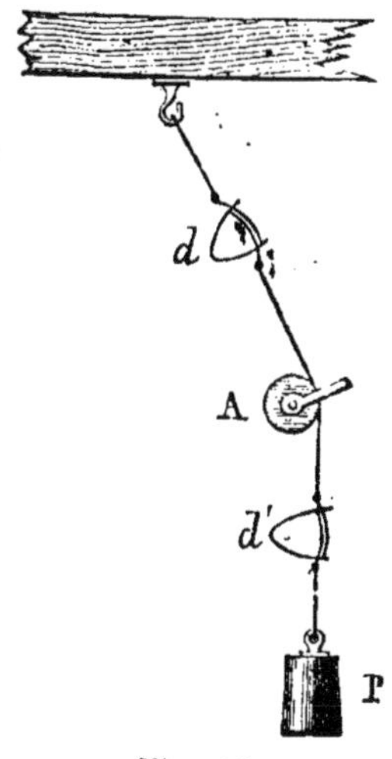

Fig. 66.

4. Équilibre de la poulie mobile. — La poulie mobile C porte suspendu à sa chape un poids P (fig. 67). Sur sa gorge s'enroule une corde fixée en N par l'une de ses extrémités, et sollicitée à l'autre extrémité par la force F. D'après ce que nous venons de voir, la tension du cordon AN est égale à la tension du cordon BF ; et chacune d'elles a pour valeur F. Pour l'équilibre, leur résultante doit être égale et directement opposée à P. Mais cette résultante n'est autre que la charge de l'axe C, telle que nous venons de l'obtenir dans le cas de la poulie fixe. Donc : *l'effort* F *exercé sur le brin libre est au poids* P *équilibré, comme le rayon de la poulie est à la corde* BA *de l'arc embrassé.*

Si l'arc embrassé valait le sixième de la circonférence, la corde BA serait égale au rayon, et dans ce cas la puissance F aurait même valeur que la résistance P. Enfin si les deux cordons AN et BF sont parallèles, BA vaut deux fois le rayon car il devient un diamètre ; et la puissance F est la moitié de la résistance P. Le parallélisme des cordons est donc la disposition la plus avantageuse pour équilibrer avec une puissance moindre une résistance plus forte.

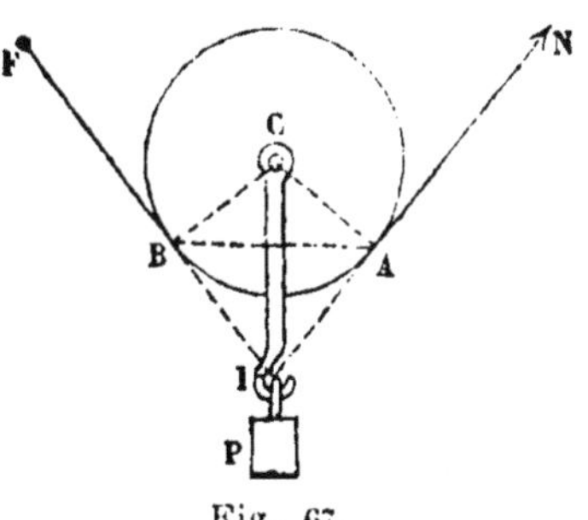

Fig. 67.

La démonstration directe de ce dernier cas est des plus simples. La corde fixée en R est tendue par la force P. Un poids Q est suspendu à la chape (fig. 68). La tension du cordon OR est égale à celle de AP, c'est-à-dire que chacune de ces tensions a pour valeur la force P. Leur résultante est 2 P, résultante égale et contraire à Q. Donc : $Q = 2P$, et $P = \frac{Q}{2}$. Ainsi, la puissance qui agit sur l'extrémité libre du cordon est la moitié de la résistance appendue à la chape de la poulie.

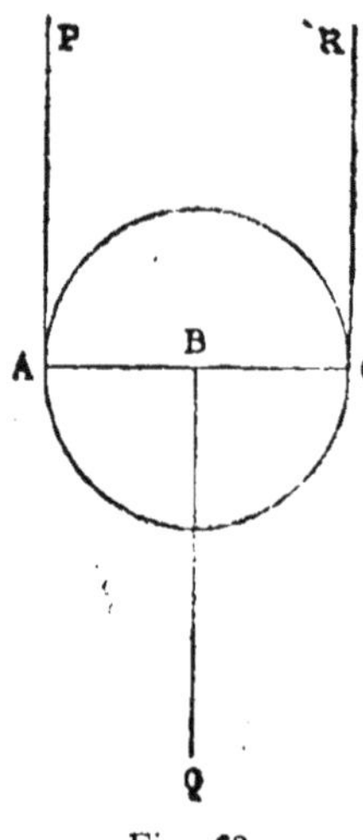

Fig. 68.

On pourrait encore raisonner ainsi. Par l'intermédiaire du cordon RO, le point fixe R donne son appui au point O. La droite AO est alors un levier de second genre ayant pour appui O. La puissance P agit à l'extrémité du bras du levier AO ; et la résistance Q, à l'extrémité du bras de levier BO. Comme AO est le double de BO, P doit être la moitié de Q, afin que l'on ait l'égalité des moments

$$P . AO = Q . BO.$$

5. **Moufles.** — On désigne par le nom de *moufles* un système de poulies montées sur une même chape et pouvant tourner indépendamment les unes des autres, soit autour du même axe, soit autour d'axes différents. Le premier cas est représenté dans la figure 69; et le second cas, dans la figure 70. Deux moufles, d'un même nombre de poulies, sont combinées ensemble. La chape de la moufle supérieure est armée d'un crochet, qui la suspend à un point fixe ; la chape de la moufle inférieure porte également un crochet auquel est appendu le fardeau à soulever. Une corde attachée par l'une de ses extrémités à la chape supérieure, se rend alternativement d'une moufle à l'autre, et s'enroule sur les diverses poulies. Son extrémité libre est sollicitée par la puissance qui doit équilibrer le fardeau.

L'effort P exercé sur le cordon libre (fig. 69) se transmet

dans toute la longueur de la corde et y produit partout une même tension P. Alors chacun des six cordons reliant les deux moufles et s'enroulant d'une poulie à l'autre possède cette tension P. De plus ces cordons sont sensiblement parallèles. La résultante des forces que leurs tensions représentent est donc égale à la somme de ces tensions et vaut 6 P. Cette résultante à son tour, dans le cas de l'équilibre, a même valeur que le poids Q du fardeau soulevé.

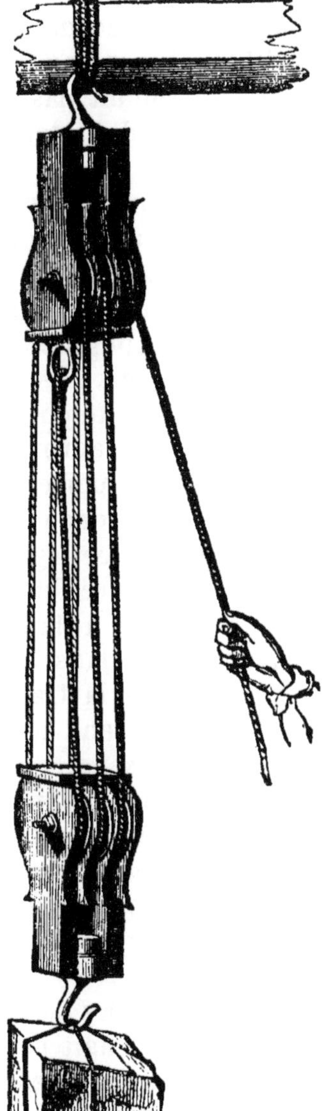

Fig. 69.

On a donc

$$6P=Q, P=\frac{Q}{6}.$$

D'une manière générale, si n cordons se rendent d'une moufle à l'autre, on aura :

$$nP=Q,$$

ou bien

$$P=\frac{Q}{n}.$$

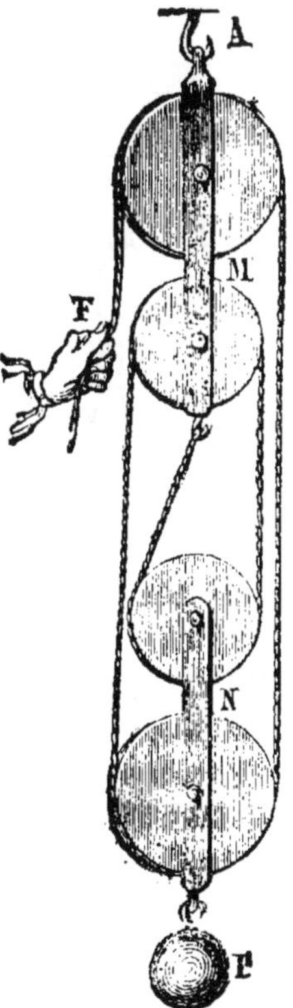

Fig. 70.

Donc : *Dans les moufles en équilibre, la puissance est*

égale à la résistance divisée par le nombre de cordons qui vont d'une poulie à l'autre.

On remarquera que, dans l'énumération des cordons, n'est pas compris celui qui est libre et sur lequel s'exerce la puissance. Ce dernier, ne se reliant pas à la moufle inférieure, ne lui prête pas l'appui de sa tension.

6. Treuil. — Le treuil se compose d'un cylindre horizontal A (fig. 71), terminé de part et d'autre, suivant son axe, par deux cylindres bien moindres, dits *tourillons*, qui reposent sur des appuis nommés *coussinets*. Une corde, fixée par un bout en un point du gros cylindre, s'enroule sur le treuil et supporte à son bout libre un fardeau P. Une force, la puissance, agissant par l'intermédiaire d'une manivelle M, tend à faire tourner le cylindre dans un sens ; la corde, par la traction du fardeau P, tend à le faire tourner en sens contraire. Ainsi disposé, l'appareil mécanique porte le nom de *treuil des puits*, motivé par la nature de son emploi. La manivelle y est fréquemment remplacée par un système de leviers, formé de deux barres se croisant à angle droit sur l'axe du cylindre.

Fig. 71.

Dans le *treuil des carriers*, destiné à remonter les blocs de pierre du fond des carrières, la puissance agit par l'intermédiaire d'une grande roue à échelons sur lesquels pèse l'ouvrier (fig. 72).

Si le cylindre est vertical, on obtient une autre variété de treuil, utilisé surtout dans la marine et nommé *cabestan* (fig. 73).

7. Condition générale d'équilibre du treuil. — Soient CC′ le cylindre et AA′ son axe que terminent les touril-

Fig. 72.

lons (fig. 74). Une force P agit perpendiculairement à l'extrémité de la droite MD, elle-même perpendiculaire à l'axe AA′, et tend à faire tourner le treuil dans un sens; une autre force Q, par l'intermédiaire de la corde enroulée, agit perpendiculairement à l'extrémité de OH, rayon du cylindre, et tend à produire une rotation inverse. Quelles sont les conditions de l'équilibre?

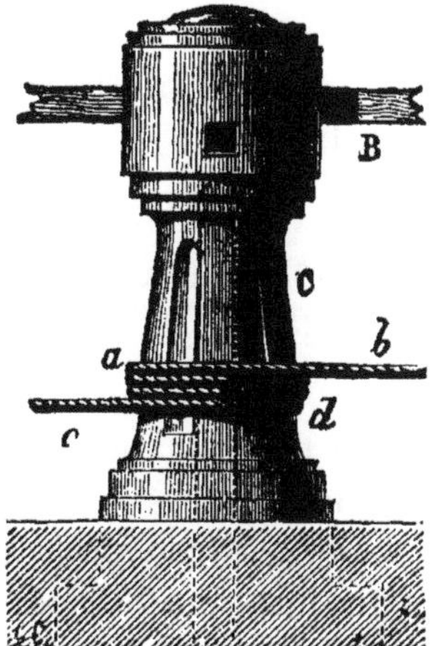

Fig. 73.

Prolongeons de part et d'autre OH, et prenons OK et OV égales à MD. Aux points K et V, appliquons les forces P′ et

P″ égales à P et parallèles à Q. Elles peuvent d'ailleurs être parallèles à P ou bien ne l'être pas, suivant que P et Q sont ou ne sont pas parallèles. L'introduction de ces deux forces ne change pas les conditions d'équilibre, car étant égales, parallèles et agissant à égale distance de l'appui O fourni par l'axe du treuil, elles ont une résultante qui est détruite par la résistance de cet axe. Le système primitif des forces P et Q est ainsi remplacé par le système P, Q, P′, P″. Considérons actuellement la force P et la force P″. Elles sont égales; elles agissent l'une et l'autre perpendiculairement aux extrémités de droites égales MD et OK ; et de plus elles tendent à faire tourner le treuil en sens inverse. Leurs effets s'entre-détruisent donc, et il ne reste à considérer que les forces Q et P′. Mais celles-ci agissent aux deux extrémités d'un levier HV, dont l'appui est en O. L'équilibre exige donc pour condition :

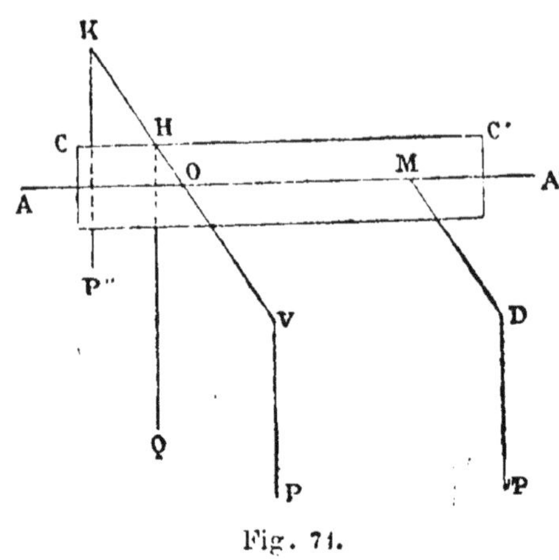

Fig. 71.

$$P'.OV = Q.OH.$$

Ou bien, en remplaçant P′ par son égale P, et OV par son égale MD.

$$P.MD = Q.OH.$$

Le produit de la force P par la droite MD, qui lui est perpendiculaire, ainsi qu'à l'axe AA′, se nomme moment de cette force par rapport à l'axe. Pareillement Q.OH est le moment de la force Q par rapport à l'axe AA′. Le raisonnement que nous venons de suivre étant applicable à un nombre quelconque de forces dont la direction serait perpendiculaire à l'axe, on voit que *pour l'équilibre du treuil, la somme des moments qui tendent à faire tourner dans un sens doit être égale à la somme des moments qui tendent à faire tourner en sens inverse.*

8. Relation entre la puissance et la résistance. — Appelons P la puissance et Q la résistance ; désignons par p la perpendiculaire commune à l'axe et à la force P, et par q la perpendiculaire commune à l'axe et à la force Q. On devra avoir :

$$Pp = Qq, \quad \text{ou bien } \frac{P}{Q} = \frac{q}{p}.$$

Mais la résistance Q est un fardeau qui, par l'intermédiaire de la corde, agit à l'extrémité du rayon du cylindre du treuil ; q est donc ce rayon. Quand à p, il est représenté tantôt par la manivelle du treuil des puits, tantôt par la barre du cabestan, tantôt encore par le rayon de la grande roue du treuil des carriers. Donc : *dans l'équilibre du treuil, la puissance est à la résistance comme le rayon du cylindre est à la longueur de la droite à l'extrémité de laquelle la puissance agit.*

9. Plan incliné. — Équilibre d'un corps placé sur un plan incliné. — Placé sur un plan horizontal, un corps pesant reste en équilibre, car la pesanteur agissant perpendiculairement au plan horizontal, aucune raison n'existe pour que le corps se meuve dans ce plan plutôt dans un sens que dans l'autre, s'il n'est sollicité que par son propre poids. Mais placé sur un plan incliné, il suit la pente et glisse. Proposons-nous de trouver la force qu'il faut lui appliquer pour l'empêcher de descendre.

Concevons trois plans, l'un horizontal, l'autre vertical et le troisième incliné, ayant leurs intersections parallèles. Menons un quatrième plan perpendiculaire à ces intersections, nous aurons le triangle rectangle ABC (fig. 75), dans lequel AC représente le plan incliné, AB le plan horizontal, et BC le plan vertical. L'intersection AC est ce qu'on nomme *ligne de plus grande pente ;*

c'est elle que le corps suit en glissant sur le plan incliné. Il suffit donc de considérer l'équilibre du corps sur cette ligne. L'hypothénuse AC prend le nom de *longueur* du plan incliné; AB en est la *base*, et BC en est la *hauteur*. Deux cas principaux sont à examiner : 1° lorsque la force qui maintient le corps en équilibre agit parallèlement à la longueur du plan incliné; 2° lorsqu'elle agit parallèlement à la base ou bien horizontalement.

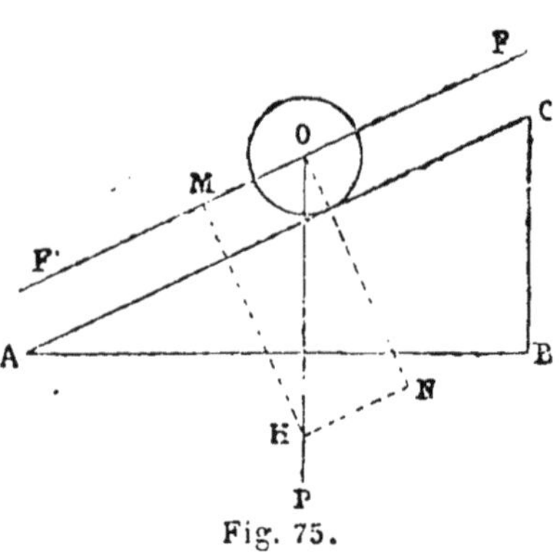

Fig. 75.

1er *cas.* — Soit O le corps placé sur le plan incliné AC (fig. 75), et soit OH la valeur de son poids P. Décomposons ce poids en deux forces, l'une dirigée perpendiculairement au plan AC, l'autre parallèlement à ce plan. ON étant la perpendiculaire et OF′ la parallèle au plan, par le point H nous menons HN parallèle à OF′ et HM parallèle à NO. Le poids OH peut ainsi être remplacé par les deux forces ON et OM. La première, ON, est détruite par la résistance du plan, auquel elle est perpendiculaire; et c'est uniquement la seconde, OM, qui provoque la chute. Pour empêcher le corps de glisser, il faudra donc lui appliquer une force F égale et directement opposée à OM.

Mais les triangles OMH et ABC sont semblables, et ils donnent :

$$\frac{OM}{OH} = \frac{BC}{CA}.$$

D'autre part OM est la valeur de la puissance F qu'il faut appliquer au corps pour l'empêcher de glisser. Donc : *Dans le cas où elle agit parallèlement au plan incliné, la puissance est au poids du corps qu'elle maintient en équilibre, comme la hauteur du plan est à sa longueur.*

2ᵉ *cas.* — Actuellement la puissance F qui équilibre le corps agit suivant OF parallèle à AB base du plan, ou bien agit suivant l'horizontale (fig. 76). Menons ON perpendiculaire au plan, et décomposons le poids OH en deux autres forces ON et OM, déterminées par le parallélogramme HNMO. La force ON est détruite par la résistance du plan auquel elle est perpendiculaire; et c'est uniquement OM qui tend à déplacer le corps. Pour retenir celui-ci sur le plan, il faudra donc lui appliquer une force F égale à MO et de sens contraire. Or la similitude des deux triangles OMH et BAC fournit :

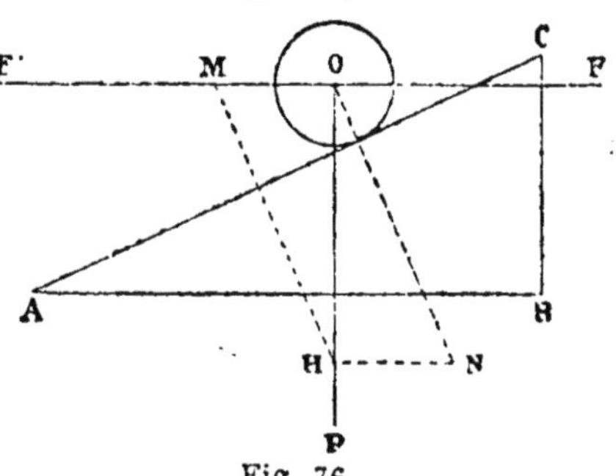

Fig. 76.

$$\frac{OM}{OH} = \frac{BC}{BA}.$$

Donc : *Dans le cas où elle agit horizontalement, la puissance est au poids du corps qu'elle maintient en équilibre comme la hauteur du plan incliné est à sa base.*

Il est d'expérience familière qu'un corps pesant placé sur un plan incliné, peut, si l'inclinaison n'est pas trop forte, se maintenir de lui-même en équilibre sans l'intervention d'aucune force apparente. Cependant, d'après les deux cas que nous venons d'examiner, la composante du poids propre à déterminer le glissement n'est jamais nulle, et cette composante doit être détruite par une force opposée pour que le corps soit en équilibre. Cette contradiction entre l'expérience et les résultats mathématiques tient à ce que l'on fait abstraction ici du *frottement*. Tous les corps, même les mieux polis, sont hérissés d'une infinité d'aspérités qui s'engagent les unes dans les autres lorsque deux surfaces sont en contact, et donnent lieu à une résistance plus ou moins considérable qui détruit en totalité ou en partie la composante du poids favorable à la chute. Les deux théorèmes que nous venons de démontrer supposent donc le corps et le plan incliné d'un poli parfait; ils font abstraction de tout *frottement.*

Ces deux théorèmes n'ont en vue que le poids du corps; mais il est visible qu'à ce poids on pourrait substituer une force quelconque agissant perpendiculairement à la base du plan incliné, et les deux conditions d'équilibre resteraient les mêmes.

10. Génération de la vis. — La vis est une machine composée résultant de la combinaison du levier avec le plan incliné. Concevons un cylindre droit, à base circulaire, ABCD (fig. 77) fendu suivant sa génératrice AB

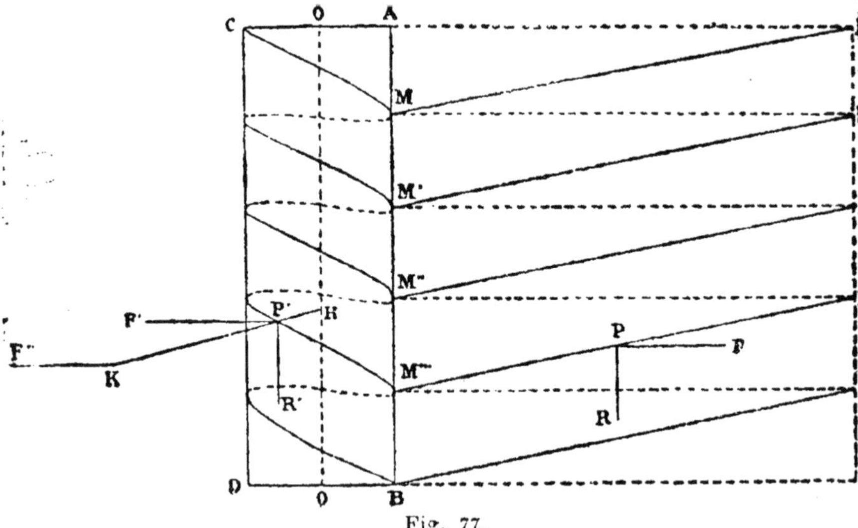

Fig. 77.

et déroulé en un rectangle ABNN^V. Divisons AB en un nombre arbitraire de parties égales, de même que NN^V. Menons MN, M'N', M''N'', etc.; puis enroulons de nouveau le rectangle sur le cylindre. L'ensemble des droites

MN, M'N', etc., deviendra sur le cylindre une courbe appelée *hélice*. Chacune de ces droites formera ce qu'on nomme un tour de *spire ;* et la distance d'un tour de spire à l'autre, c'est-à-dire la distance AM, MM', M'M'', etc. sera le *pas* de l'hélice.

Supposons maintenant qu'une petite figure plane, rectangle ou triangle, se meuve sur le cylindre en suivant l'hélice et de manière que son plan contienne toujours l'axe du cylindre ; elle engendrera une moulure saillante nommée *filet*, qui aura pour *noyau* le cylindre lui-même. Le corps ainsi construit porte le nom de *vis*. La vis est à *filet rectangulaire* ou à *filet carré*, suivant que la figure génératrice de ce filet est un rectangle ou un carré. Elle est à *filet triangulaire* si la figure génératrice est un triangle. Cette dernière forme, moins sujette à la rupture à cause du moindre nombre d'angles saillants, est employée pour les vis en bois, de résistance moins considérable ; la forme à filet carré ou rectangulaire est adoptée pour les vis en fer (fig. 78 et fig. 79).

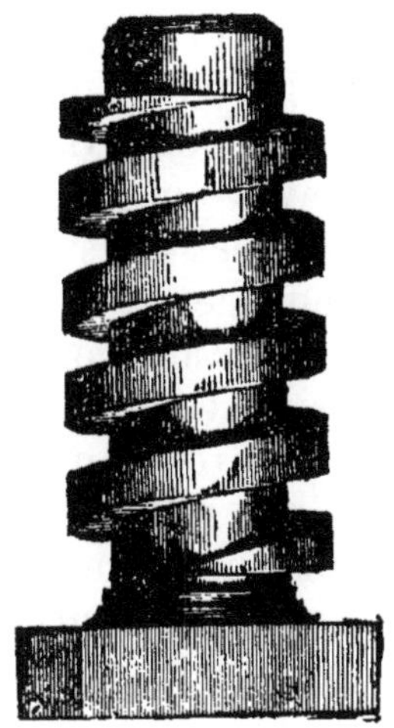

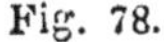

Fig. 78.

Fig. 79.

La vis s'engage dans une pièce, nommé *écrou*, qui

présente en creux exactement la même forme que la vis offre en relief. A cause de leur forme, similaire dans toutes ses parties, les deux surfaces en contact et montées l'une sur l'autre, peuvent librement glisser ; et le déplacement mutuel dans le sens de l'axe du cylindre est égal au pas de l'hélice pour un tour décrit, soit par l'écrou, soit par la vis. C'est tantôt l'écrou qui est fixe (fig. 80), et la vis avance ou recule dans l'écrou d'une

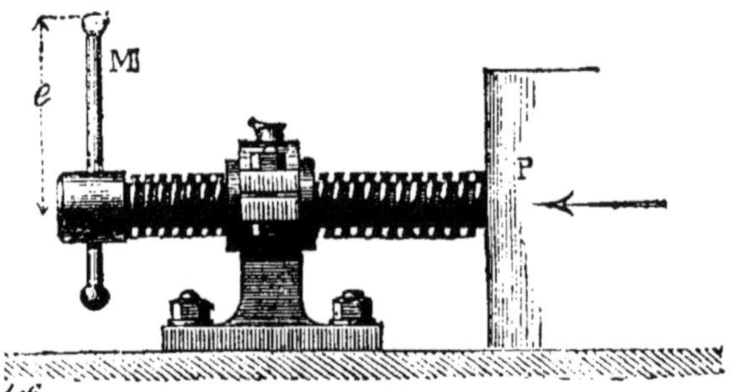

Fig. 80.

longueur égale au pas pour chaque révolution qu'elle fait autour de son axe. Tel est le cas, par exemple, des presses (fig. 81). Un plateau M, destiné à transmettre et à répartir également la pression, est mu par une vis V que l'on manœuvre au moyen de barres L engagées dans sa tête. Cette vis s'engage dans l'écrou fixe E. Tantôt, au contraire, l'axe de la vis est fixe et l'écrou est mobile. Celui-ci avance donc ou recule d'une quantité égale au pas de la vis pour chaque tour que cette vis décrit autour de son axe. Tel est le cas représenté dans la figure 82. La vis, mue par la manivelle M, fait déplacer l'écrou parallèlement à son axe, le long d'un guide g. D'autres fois enfin, c'est à l'écrou lui-même qu'est appliquée la puissance destinée à le faire avancer le

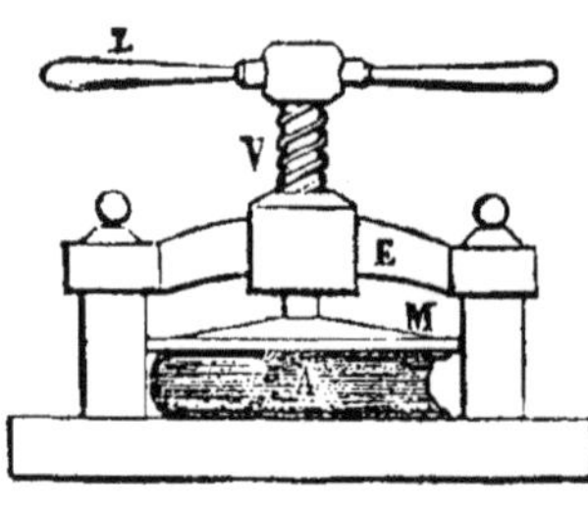

Fig. 81.

long de la vis. D'habitude, c'est au moyen de barres

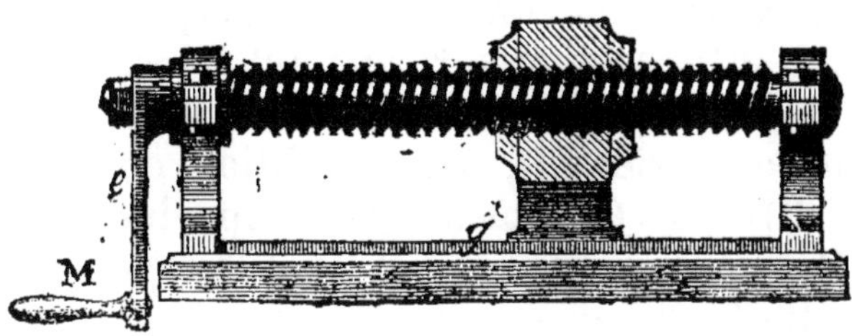

Fig. 82.

perpendiculaires à l'axe que le mouvement s'imprime soit à la vis soit à l'écrou.

11. Condition d'équilibre de la vis. — Revenons à la figure 77, et considérons le plan incliné $M'''N'''$, qui a pour base $M'''N^{IV}$ et pour hauteur $N'''N^{IV}$. Un point P placé sur ce plan incliné est sollicité par une force R perpendiculaire à la base du plan; et pour le maintenir en équilibre on lui applique une force F parallèle à cette base. D'après ce que nous venons de dire sur le plan incliné, la condition d'équilibre est :

$$\frac{F}{R}=\frac{N'''N^{IV}}{M'''N^{IV}}.$$

Si nous enroulons le rectangle $ABNN^{V}$ sur le cylindre, la droite $M'''N'''$ devient un tour de spire ; le point P se place en P', la force R devient R' parallèle à l'axe du cylindre, et la force F devient F' perpendiculaire à cet axe. Le point P' sur l'hélice est donc dans les mêmes conditions que le point P sur le plan incliné; et pour l'empêcher de glisser sur cette hélice, la force F' doit avoir même valeur que F. Mais $M'''N^{IV}$ n'est autre chose que la circonférence du cylindre déroulée, circonférence égale à $2\pi r$ si nous représentons par r le rayon du cylindre. Quant à $N'''N^{IV}$, c'est le pas de l'hélice, pas que nous représenterons par h. On a donc :

$$\frac{F'}{R'}=\frac{h}{2\pi r}.$$

Concevons maintenant un levier HK, qui prenne appui en H sur l'axe OO du cylindre, et soit perpendiculaire à la direction P'F'. A la force F' agissant à l'extrémité du levier P'H, on pourra substituer la force F'' agissant à l'extrémité du levier KH, à la condition que les moments F''.KH et F'.P'H soient égaux. Appelons l la longueur KH, et remarquons que P'H est le rayon r du cylindre. Cette égalité de moments devient :

$$F'.r = F''l; \quad \text{d'où } F' = \frac{F''l}{r};$$

et l'égalité ci-dessus est remplacée par

$$\frac{F''l}{R'r} = \frac{h}{2\pi r}; \quad \text{ou bien } \frac{F''}{R'} = \frac{h}{2\pi l}.$$

Telle serait la condition d'équilibre entre la puissance F'' et la résistance R', si l'écrou ne reposait sur la vis qu'en un seul point. Mais en quelque nombre de points que l'écrou repose, on peut toujours décomposer la résistance R en autant de forces parallèles r, r', r'', r''', etc., qui pressent sur des points différents; et décomposer aussi la puissance P en autant de forces p, p', p'', p''', etc., dont chacune maintient en équilibre le point qui lui correspond. Toutes ces forces élémentaires p, p', p'', etc., agissant à l'extrémité d'un bras de levier de longueur constante l, on aura pour chacune d'elles :

$$\frac{p}{r} = \frac{h}{2\pi l}, \quad \frac{p'}{r'} = \frac{h}{2\pi l}, \quad \frac{p''}{r''} = \frac{h}{2\pi l}; \quad \frac{p'''}{r'''} = \frac{h}{2\pi l}; \text{ etc.}$$

Ce qui fournit :

$$\frac{p + p' + p'' + p''' + \text{etc.}}{r + r' + r'' + r''' + \text{etc.}} = \frac{P}{R} = \frac{h}{2\pi l}.$$

Donc : *Dans l'équilibre de la vis, la puissance qui tend à faire tourner, soit l'écrou, soit la vis, est à la résistance exercée dans le sens de l'axe, comme le pas de la vis est à la circonférence que tend à décrire la puissance.*

TROISIEME PARTIE

ÉLÉMENTS DE CINÉMATIQUE ET DE DYNAMIQUE

CHAPITRE PREMIER

MOUVEMENT RECTILIGNE UNIFORME ET MOUVEMENT RECTILIGNE VARIÉ

1. Mouvement. — Le mouvement est la manière d'être générale de la matière ; du moins, on peut affirmer qu'à la surface de la terre, nul corps, malgré son immobilité apparente, n'est réellement en repos, car il participe à la rotation du globe autour de son axe, et à sa translation autour du soleil. Le repos absolu ne se retrouve pas davantage dans aucun des atomes matériels composant l'ensemble de notre système planétaire, car tous ont part aux mouvements de translation et de rotation du globe dont ils font partie. Enfin, par delà les mondes que régit le soleil, l'astronomie constate encore le mouvement des étoiles, sans trouver nulle part le repos absolu dans la partie de l'univers accessible à l'observation. Tout se meut. Mais outre ces mouvements généraux, les corps peuvent posséder des mouvements relatifs, qui les rapprochent ou les éloignent les uns des autres, suivant des directions et avec des vitesses variables à l'infini. Les lois générales des cas les plus simples feront l'objet de cette partie du cours.

Considéré dans son état de mouvement, tout corps prend le nom de *mobile.* La ligne ou le trajet suivi par le mobile s'appelle *trajectoire.* Suivant que la trajectoire est une ligne droite ou une ligne courbe, le mouvement est *rectiligne* ou *curviligne.* Deux quantités de nature différente interviennent dans l'étude de tout mouvement : 1° la longueur ou l'espace parcouru ; 2° le temps mis à le parcourir. L'unité de longueur, pour mesurer l'espace parcouru, est le mètre ; l'unité de durée, pour mesurer le temps écoulé, est la seconde, contenue 60 fois dans la minute, qui elle-même est contenue 60 fois dans une heure.

2. Mouvement rectiligne uniforme. — Le mouvement rectiligne, le plus simple de tous, est celui qui va d'abord nous occuper. Il peut être *uniforme* ou *varié. Il est uniforme lorsque le mobile parcourt des espaces égaux dans des temps égaux.* Concevons un point matériel qui se déplace suivant une ligne droite, d'une manière toujours égale, de façon à parcourir par exemple n mètres toutes les secondes : son mouvement sera rectiligne et uniforme. Cette longueur de n mètres, parcourue à chaque seconde, est ce qu'on nomme la *vitesse* du mobile. On définit donc la vitesse dans le mouvement rectiligne uniforme, *l'espace parcouru dans l'unité de temps.*

Comme cet espace est le même pour toutes les secondes, on aura évidemment l'espace parcouru au bout d'un certain temps, en multipliant la vitesse par le temps. Représentons par e l'espace parcouru ; par v la vitesse, c'est-à-dire la longueur que le mobile parcourt par seconde ; et par t le temps ou le nombre de secondes employées au parcours ; nous aurons :

$$e = vt \quad (1).$$

Ce que l'on énonce en disant que, dans le mouvement rectiligne uniforme *l'espace parcouru est proportionnel au temps mis à le parcourir.*

Réciproquement connaissant l'espace parcouru et le temps écoulé, on aura la vitesse en résolvant l'égalité (1) par rapport à v.

$$v = \frac{e}{t} \quad (2).$$

La vitesse est donc le rapport constant entre l'espace parcouru et le temps mis à le parcourir.

Si l'espace était connu ainsi que la vitesse, on obtiendrait le temps comme il suit :

$$t = \frac{e}{v} \quad (3).$$

Le temps est donc égal au quotient de l'espace parcouru par la vitesse.

Toutes ces propositions sont les conséquences directes de la formule fondamentale $e = vt$. Remarquons encore que ces propositions s'appliquent, non seulement au mouvement rectiligne uniforme, mais encore à tout mouvement uniforme quelle que soit la nature de la trajectoire. Si, par exemple, un corps se meut suivant une circonférence et parcourt n mètres toutes les secondes, l'espace parcouru au bout d'un temps t sera donné par la formule (1), d'où l'on déduira les deux autres comme ci-dessus.

3. Mouvement rectiligne varié. — Si le mobile parcourt des espaces inégaux dans des temps égaux, le mouvement est varié. Alors la rapidité change d'un instant à l'autre, et la vitesse ne peut se définir comme nous venons de le faire.

4. Vitesse moyenne. — Admettons que le mobile parcoure l'espace e dans un temps t, avec telles variations de rapidité qu'il nous conviendra de supposer. Divisons cet espace par le temps mis à le parcourir. Le quotient $\frac{e}{t}$ sera ce qu'on appelle la *vitesse moyenne* du mobile pendant la durée t. Cette vitesse moyenne est supérieure à la réelle vitesse du corps en certains instants ; elle lui est inférieure en certains autres ; mais les excès inverses se compensent ; et si le mobile, au lieu de se mouvoir d'un mouvement varié, était animé d'un mouvement uniforme avec une vitesse constante égale à cette valeur moyenne, il parcourrait pendant le temps t exactement le même espace qu'il parcourt d'un mouvement varié.

5. **Vitesse à un instant quelconque.** — Concevons maintenant que la durée t soit très petite ; l'espace e qui lui correspond sera lui-même très petit. Eh bien, la limite du quotient $\frac{e}{t}$ lorsque t tend vers zéro, est ce qu'on appelle la vitesse du mobile à l'instant que l'on considère. Ainsi, *dans le mouvement varié, la vitesse du mobile à un instant déterminé est la vitesse moyenne pendant une durée infiniment courte succédant à cet instant.*

Cela revient, en somme, à considérer le mouvement varié comme résultant d'une série de mouvements uniformes qui se suivent par intervalles très rapprochés. Dans chacun de ces intervalles très courts, le corps est censé garder la même vitesse, supposition d'autant plus admissible que les intervalles de temps sont de moindre durée. D'après cette manière de voir, la vitesse, au lieu de varier d'une façon continue, varie par intervalles infiniment rapprochés, et se conserve la même pendant chacun de ces intervalles. C'est ainsi que la géométrie, dans ses raisonnements, substitue les éléments rectilignes d'un polygone d'un très grand nombre de côtés, à la courbure continue de la circonférence ou de toute autre courbe.

En considérant le mouvement varié comme une série de mouvements uniformes se succédant par très courts intervalles, la définition de la vitesse rentre dans celle que nous venons de donner au sujet du mouvement uniforme. Considérons, en effet, un intervalle de temps très court t, pendant lequel est parcouru l'espace e. Puisque pendant cet intervalle la vitesse est regardée comme constante, pour avoir cette vitesse, il faut diviser l'espace parcouru par le temps mis à le parcourir ; et l'on a $v = \frac{e}{t}$, résultat d'autant plus légitime que la durée t sera plus petite. C'est ainsi encore qu'un polygone peut se substituer à une courbe avec d'autant plus d'exactitude, que ses éléments rectilignes sont plus petits. En résumé : *La vitesse à un instant déterminé dans le mouvement varié est le quotient de l'espace infiniment petit parcouru à partir de cet instant, et le temps infiniment petit employé à parcourir cet espace.*

6. Loi de l'inertie. — Jamais de lui-même, un corps ne quitte l'état de repos pour se mouvoir ; il faut qu'une cause quelconque, cause extérieure à ce corps, le fasse passer du repos au mouvement. C'est ce que nous enseigne l'expérience de chaque jour. D'autre part, une fois sorti du repos par l'action d'un agent quelconque, un corps persiste dans son mouvement sans pouvoir de lui-même le modifier ni dans sa vitesse ni dans sa direction. *On appelle inertie cette propriété de la matière de ne pouvoir agir sur elle-même pour modifier son état de repos ou de mouvement.*

Un corps étant incapable de se donner aucun mouvement, il est tout naturel d'admettre qu'il est aussi incapable d'altérer celui qu'il a reçu ; car modifier un mouvement, c'est en produire un autre dont les effets viennent se combiner avec ceux du premier. Néanmoins, au premier examen, les faits semblent en désaccord avec la persistance de la matière dans le mouvement une fois acquis ; nous voyons un corps qui se meut, abandonné à lui-même, se ralentir d'abord et puis s'arrêter. Cela tient à des causes étrangères au mobile, à des résistances extérieures, qui affaiblissent peu à peu l'impulsion et finissent par l'anéantir. Lancée sur une surface horizontale rugueuse, une boule va plus ou moins loin, puis s'arrête, rendue immobile par les aspérités qu'il lui a fallu surmonter en usant peu à peu son mouvement; lancée sur la surface gelée d'une nappe d'eau, elle va beaucoup plus loin. Toutefois elle s'arrête encore à cause de son frottement contre la glace et de la résistance que l'air traversé lui oppose. Ces deux exemples suffisent pour nous montrer que plus diminuent les causes de déperdition de vitesse, plus longtemps aussi se conserve le mouvement. Si tout obstacle disparaissait, le mouvement durerait donc toujours. Nous en avons un exemple frappant dans les révolutions des corps célestes, sans altération sensible depuis les observations les plus reculées. La translation de la terre et des autres planètes à travers l'espace ne se fait pas, il est vrai, en ligne droite, comme le veut la loi d'inertie; cela tient à ce que ces corps sont en outre soumis à l'attraction du soleil, qui les dévie à chaque instant de leur direction rectiligne et fait de leur trajectoire une ellipse.

Abstraction faite de tout obstacle, un corps, lorsqu'il a reçu une impulsion, serait donc en mouvement pour toujours. De plus, il conserverait constamment la même vitesse, et il se mouvrait suivant une ligne droite sans fin, car de lui-même il ne peut rien pour modifier sa vitesse et sa direction.

7. Autre manière de considérer la vitesse dans le mouvement varié. — Le mouvement rectiligne uniforme est celui d'un corps entièrement abandonné à lui-même, après avoir reçu une certaine impulsion; ainsi l'exige l'inertie de la matière. Dans le mouvement varié, la rapidité change d'un instant à l'autre; et ces variations de vitesse ne peuvent avoir lieu, nous venons de le voir, sans l'intervention d'influences étrangères, car de lui-même le mobile ne peut modifier son état de mouvement. Ainsi *dans tout mouvement varié, le corps est soumis à l'action de causes étrangères.*

Ces préliminaires nous permettent de considérer la vitesse dans le mouvement varié sous un aspect moins abstrait que celui dont nous venons de faire usage. — Un corps se meut d'après une loi quelconque, modifiant à chaque instant sa rapidité. Quelle est sa vitesse à un instant déterminé, par exemple, au bout du temps t? Supposons qu'à cet instant toutes les causes extérieures qui influencent le mouvement du corps cessent brusquement d'agir. Le mobile, ainsi abandonné à lui-même et animé déjà d'une certaine vitesse acquise, continuera à se mouvoir en vertu de son inertie. Il se mouvra suivant une ligne droite, avec une vitesse constante égale à celle qu'il possédait lorsque ont cessé d'intervenir les forces qui le sollicitaient. Il parcourra donc un certain nombre de mètres, n par exemple, pendant chacune des secondes suivantes indéfiniment. Or, cet espace n est précisément la vitesse du mobile à l'instant considéré, c'est-à-dire au bout du temps t. Nous dirons donc : *La vitesse, dans le mouvement varié, à un instant déterminé, est l'espace que le mobile serait capable de parcourir pendant la seconde suivante, en vertu de son inertie et de son impulsion acquise, si à cet instant les causes extérieures qui le sollicitent cessaient brusquement d'agir.*

8. Expression analytique de la vitesse. — Nous venons de voir que, dans le mouvement varié, pour obtenir la vitesse à un instant donné, il faut diviser l'espace que le mobile parcourt à partir de cet instant par le temps employé à le parcourir, et prendre la limite du quotient lorsque ces deux termes deviennent infiniment petits. Cette manière de voir nous permet d'obtenir l'expression algébrique de la vitesse, quand on connaît l'expression générale de l'espace parcouru.

Pour prendre un exemple, supposons un mobile animé d'un mouvement tel que, au bout d'un temps quelconque t, l'espace parcouru soit égal à la longueur

K multipliée par t^2, carré du temps écoulé. L'expression générale de l'espace parcouru sera :

$$e = Kt^2.$$

Il s'agit de déduire de cette expression la valeur de la vitesse au bout du temps t. A cet effet, supposons que le temps augmente de t' ; l'espace augmentera aussi d'une certaine quantité e', et l'on aura :

$$e + e' = K(t + t')^2$$
$$e + e' = Kt^2 + 2Ktt' + Kt'^2$$

A cause de l'égalité $e = Kt^2$, le résultat qui précède devient :

$$e' = 2Ktt' + Kt'^2.$$

Divisons les deux membres par t'.

$$\frac{e'}{t'} = 2Kt + Kt'.$$

Il faut actuellement chercher la limite du quotient de e', espace parcouru, par t', temps mis à le parcourir ; il faut, en d'autres termes, chercher ce que devient ce quotient lorsque t' est infiniment petit ou tend vers o. Or t' devenant o, le second membre se réduit à $2Kt$; et le quotient de e' par t' est la valeur de la vitesse v. On obtient ainsi :

$$v = 2Kt.$$

Telle est la vitesse que possède le mobile au bout du temps t; tel est encore l'espace que le mobile serait capable de parcourir, pendant chaque unité de temps, à partir de l'époque t, en vertu de son inertie et de son impulsion acquise, si les causes qui modifient son mouvement cessaient d'agir.

9. Mouvement rectiligne uniformément varié. — Accélération. — Si la vitesse varie d'une quantité constante pendant le même temps, le mouvement est dit *uniformément varié.* La quantité constante dont varie la vitesse en une seconde se nomme *accélération*. Si la vitesse va en augmentant, le mouvement est *uniformément accéléré;* si elle va en diminuant, le mouvement est *uniformément retardé.*

10. Vitesse à un instant quelconque dans le mouvement rectiligne uniformément varié. — D'après la définition du mouvement uniformément varié, la vitesse croît ou décroît, pendant chaque unité de temps, d'une quantité constante dite accélération. Appelons γ cette accélération. Au bout d'un temps t, l'accroissement ou la diminution de vitesse sera γt, suivant que le mouvement sera accéléré ou retardé. Si donc on appelle a la vitesse initiale du mobile, la vitesse au bout du temps t sera pour le mouvement accéléré :

$$v = a + \gamma t; \quad (1)$$

et pour le mouvement retardé :

$$v = a - \gamma t. \quad (2)$$

Ainsi, *dans le mouvement uniformément varié, le changement qu'a éprouvé la vitesse au bout d'un certain temps est proportionnel à ce temps.*

Si le mobile part du repos, la vitesse initiale a est égale à zéro, et la formule précédente devient :

$$v = \gamma t. \quad (3)$$

La vitesse acquise au bout d'un certain temps est donc proportionnelle à ce temps.

11. Espace parcouru à un moment quelconque dans le mouvement rectiligne uniformément varié. — Un corps se meut d'un mouvement rectiligne uniformément varié, avec l'accélération γ ; on demande l'espace parcouru au bout du temps t. — Supposons d'abord que le mobile parte du repos ; et divisons le temps t en un certain nombre n de parties égales, dont la valeur commune sera $\frac{t}{n}$. D'après la formule (3) ci-dessus, la vitesse, à la fin de chacun de ces intervalles de temps, sera :

$$\gamma \frac{t}{n}, \quad \gamma \frac{2t}{n}, \quad \gamma \frac{3t}{n}, \quad \gamma \frac{4t}{n} \ldots\ldots \gamma \frac{nt}{n}.$$

Concevons que le mouvement soit uniforme pendant chacun de ces intervalles, et s'accomplisse avec la vitesse que le mobile ne possède en réalité qu'à la fin de chacun d'eux ; les espaces parcourus, pendant ces intervalles successifs, seront, d'après la formule $e = vt$ du mouvement uniforme :

$$\gamma \frac{t}{n} \cdot \frac{t}{n}, \quad \gamma \frac{2t}{n} \cdot \frac{t}{n}, \quad \gamma \frac{3t}{n} \cdot \frac{t}{n}, \quad \gamma \frac{4t}{n} \cdot \frac{t}{n} \ldots\ldots \gamma \frac{nt}{n} \cdot \frac{t}{n}.$$

La somme de ces termes, ou l'espace total E, a pour expression, en tenant compte des facteurs communs :

$$E = \gamma \frac{t^2}{n^2} (1 + 2 + 3 + 4 + \ldots\ldots + n).$$

La partie entre parenthèses est une progression arithmétique de n termes, dont le premier est 1 et le dernier n ; elle a donc pour valeur $\dfrac{(n+1)n}{2}$.

On a de la sorte :

$$E = \gamma \frac{t^2}{n^2} \cdot \frac{(n+1)n}{2} = \gamma \frac{t^2}{2} \cdot \frac{n+1}{n} = \frac{\gamma t^2}{2} \left(1 + \frac{1}{n}\right).$$

Si nous supposons n infiniment grand, les intervalles $\dfrac{t}{n}$ dont se compose le temps t seront infiniment petits, et l'uniformité de mouvement que nous venons d'admettre pendant chacun de ces intervalles ne différera pas de la réalité. Mais avec $n = \infty$, le terme $\dfrac{1}{n}$ devient zéro; et l'on a pour la valeur de e, espace parcouru pendant le temps t :

$$e = \frac{\gamma t^2}{2}. \quad \text{(A)}$$

12. Conséquences. — La formule (A) nous montre que dans le mouvement rectiligne uniformément varié, l'espace parcouru croît proportionnellement au carré du temps écoulé depuis l'origine du mouvement.

Posons $\frac{\gamma}{2} = a$. On obtiendra :

Temps écoulé :	1″	2″	3″	4″	5″	6″	etc.
Espace parcouru :	a	$4a$	$9a$	$16a$	$25a$	$36a$	etc.

L'espace parcouru pendant la première seconde est a, c'est-à-dire $\frac{\gamma}{2}$. Ainsi, *l'espace parcouru pendant la première seconde est égal à la moitié de l'accélération.*

Si nous voulons obtenir l'espace parcouru pendant chaque seconde en particulier, nous dirons par exemple : en 4″ le mobile parcourt $16a$, mais dans les 3″ qui précèdent il parcourt $9a$; pendant la quatrième seconde seule, il parcourt donc $16a - 9a$, ou bien $7a$. Faisons la différence des termes consécutifs dans la série des espaces parcourus ; nous aurons ainsi, pour les espaces parcourus pendant chaque seconde en particulier :

1re seconde	2^e^	3^e^	4^e^	5^e^	6^e^	etc.
a	$3a$	$5a$	$7a$	$9a$	$11a$	etc.

Donc : *Les espaces parcourus pendant chaque seconde en particulier, à partir de l'origine du mouvement, croissent comme la série des nombres impairs.*

Au bout du temps t, la vitesse est γt. Si le corps se mouvait d'un mouvement uniforme pendant un temps t avec cette vitesse γt, l'espace parcouru serait $\gamma t t = \gamma t^2$, c'est-à-dire le double de $\frac{\gamma t^2}{2}$.

Donc : *L'espace parcouru au bout d'un temps* t *dans le mouvement rectiligne uniformément varié, est la moitié de l'espace que le mobile parcourrait en un même temps d'un mouvement uniforme avec la vitesse finale.*

Le mobile partant du repos, sa vitesse initiale est o,

et sa vitesse finale est γt. La demi-somme de ces valeurs ou leur moyenne est :

$$\frac{o+\gamma t}{2}=\frac{\gamma t}{2}.$$

Supposons le mouvement uniforme avec cette vitesse moyenne ; l'espace parcouru au bout d'un temps t sera :

$$e=\frac{\gamma t}{2}.\ t=\frac{\gamma t^2}{2}.$$

Donc : *L'espace parcouru dans le mouvement rectiligne uniformément varié, est le même que le mobile parcourrait dans le même temps d'un mouvement uniforme avec une vitesse moyenne entre la vitesse initiale et la vitesse finale.*

13. Réciproque. — Il vient d'être établi que dans le mouvement rectiligne uniformément varié, l'espace parcouru croît proportionnellement au carré du temps écoulé.

Réciproquement : *Si l'espace parcouru croît proportionnellement au carré du temps écoulé, le mouvement est uniformément varié.* Admettons, en effet, que l'espace parcouru ait pour expression :

$$e=at^2.$$

De cette expression déduisons la valeur de la vitesse, comme nous venons de le démontrer au paragraphe 8. Le calcul donnera :

$$v=2\,at.$$

La vitesse varie donc en proportion du temps écoulé, ce qui est la caractéristique du mouvement uniformément varié, d'après la définition de celui-ci. On voit, en outre, que la quantité dont la vitesse augmente pour chaque unité de temps, c'est-à-dire *l'accélération*, est égale à $2a$, double de l'espace que le mobile parcourt pendant la première seconde du mouvement.

14. Espace parcouru dans le cas où le mobile est animé d'une vitesse initiale. — Si le mobile possède une vitesse initiale a, sa vitesse v au bout d'un temps t sera donnée par la formule :

$$v = a \pm \gamma t,$$

dans laquelle le signe $+$ correspond au mouvement accéléré, et le signe $-$ au mouvement retardé. Partageons, comme nous l'avons fait ci-dessus, le temps t en un certain nombre n d'intervalles égaux, dont la valeur commune est $\frac{t}{n}$; la vitesse à la fin de chacun de ces intervalles, sera :

$$a \pm \gamma \frac{t}{n},\ a \pm \gamma \frac{2t}{n},\ a \pm \gamma \frac{3t}{n},\ a \pm \gamma \frac{4t}{n} \ldots\ldots\ a \pm \gamma \frac{nt}{n}.$$

En supposant que la vitesse se maintienne constante pendant chacun de ces intervalles et soit égale à ce qu'elle est à la fin, on aura pour les espaces parcourus d'un mouvement uniforme :

$$\left(a \pm \gamma \frac{t}{n}\right) \frac{t}{n},\ \left(a \pm \gamma \frac{2t}{n}\right) \frac{t}{n},\ \left(a \pm \gamma \frac{3t}{n}\right) \frac{t}{n} \ldots\ \left(a \pm \gamma \frac{nt}{n}\right) \frac{t}{n}.$$

Les termes de cette série étant au nombre de n, si l'on en fait la somme, la partie a se trouvera répétée n fois ; et comme d'ailleurs elle doit être multipliée par le facteur commun $\frac{t}{n}$, elle deviendra $n a \frac{t}{n} = at$. Quant à la partie affectée du double signe, elle donnera lieu à une progression arithmétique commençant par un 1 et finissant par n. La somme des termes ou l'espace parcouru sera donc :

$$E = at \pm \gamma \frac{t^2}{n^2} (1 + 2 + 3 + 4 + \ldots\ldots + n),$$

ou bien :

$$E = a t \pm \gamma \frac{t^2}{n^2} \cdot \frac{(n+1) n}{2} = at \pm \gamma \frac{t^2}{2} \left(1 + \frac{1}{n}\right).$$

En passant à la limite ou posant $n=\infty$, on obtient pour la valeur de l'espace parcouru :

$$e=at\pm\frac{\gamma t^2}{2}.$$

En vertu de sa vitesse initiale, le mobile parcourrait d'un mouvement uniforme un espace at; en vertu de l'accélération γ reçue à chaque seconde, il parcourrait $\frac{\gamma t^2}{2}$, d'un mouvement uniformément varié. La vitesse initiale et l'accélération produisent donc chacune séparément son effet; et les deux effets s'ajoutent ou se retranchent suivant que l'accélération est de même sens que la vitesse initiale ou de sens contraire,

15. Démonstration de Galilée. — Galilée, à qui nous devons la découverte des lois du mouvement uniformément varié, démontrait comme il suit les lois que vient d'établir une méthode purement analytique.

Prenons une droite AB (fig. 83) représentant le temps t; et à son extrémité élevons une perpendiculaire BC égale à γt, c'est-à-dire à la vitesse que le mobile possède au bout du temps t. Soit AH une certaine longueur de temps t', comptée à partir du point A. Il s'agit d'abord d'établir que la perpendiculaire HK représente la vitesse au bout de ce temps t'. En effet, les deux triangles semblables AHK et ABC fournissent :

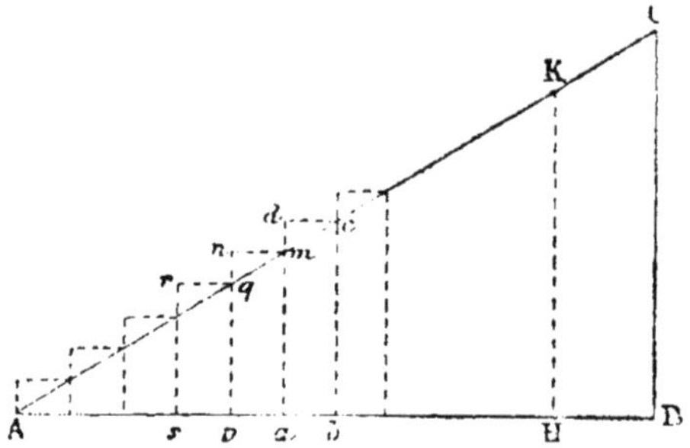

Fig. 83.

$$\frac{HK}{HA}=\frac{BC}{BA}.$$

Mais HA représente le temps t', tandis que BA vaut t

et que BC vaut γt. L'égalité ci-dessus devient donc :

$$\frac{HK}{t'} = \frac{\gamma t}{t}, \quad \text{d'où } HK = \gamma t'.$$

La perpendiculaire HK représente donc la vitesse du mobile au bout du temps t', vitesse égale à $\gamma t'$, comme il a été dit.

Actuellement, divisons AB ou le temps t en un nombre arbitraire de parties égales ; et par les points de division, élevons des perpendiculaires. D'après ce qui vient d'être démontré, chacune de ces perpendiculaires représente la vitesse du mobile à l'instant correspondant. Ainsi *bc* est la vitesse au bout du temps A*b*, *am* est la vitesse au bout du temps A*a*; *pq* est la vitesse au bout du temps A*p*, et ainsi de suite. Considérons en particulier la vitesse *bc* et supposons que le mobile, pendant l'intervalle de temps *ab*, se meuve d'un mouvement uniforme avec cette vitesse *bc*, qu'il ne possède réellement qu'à la fin de l'intervalle *ab*. L'espace parcouru sera égal au produit de la vitesse *bc* par le temps écoulé *ab;* il sera donc numériquement représenté par l'aire du rectangle *abcd*. Pareillement, les espaces parcourus d'un mouvement uniforme pendant les intervalles de temps *sp*, *pa*, etc., avec une vitesse égale à celle de la fin de l'intervalle, seront représentés par les rectangles *spqr*, *pamn*, etc. Enfin, l'espace total parcouru pendant le temps AB aura pour valeur numérique la somme des rectangles ainsi construits.

Mais si les intervalles de temps sont infiniment petits, en d'autres termes si les divisions *s*, *p*, *a*, *b*, etc., sont infiniment rapprochées, la vitesse, au lieu de varier par transitions brusques, varie d'une manière continue; et en outre la somme des rectangles se confond avec l'aire du triangle ABC. L'espace parcouru dans le mouvement uniformément varié a ainsi pour expression de sa valeur l'aire du triangle rectangle ABC, dans lequel la base AB vaut t et la hauteur BC vaut γt. L'aire étant égale à la moitié du produit de la base par la hauteur, on aura donc pour l'espace e parcouru au bout du temps t :

$$e = \frac{\gamma t^2}{2}.$$

En second lieu, admettons que le mobile soit animé d'une vitesse initiale a de même sens que l'accélération γ. Sa vitesse au bout d'un temps t sera $v = a + \gamma t$. Prenons une longueur DH (fig. 84) représentant le temps t; à l'extrémité D, élevons la perpendiculaire DA égale à la vitesse initiale a; et à l'extrémité H, la perpendiculaire HC, égale à la vitesse finale $a + \gamma t$. Joignons AC, et menons AB parallèle à DH. A partir de l'origine D, prenons une longueur DV égale au temps t'. Si par le point V nous élevons la perpendiculaire VK, cette perpendiculaire est la vitesse au bout du temps t'. Elle se compose, en effet, de VM qui vaut a, et de MK que l'on démontrerait égale à $\gamma t'$ par un raisonnement en tout pareil à celui que nous venons d'employer ci-dessus. Cette perpendiculaire VK vaut donc $a + \gamma t'$, c'est-à-dire est la vitesse au bout du temps t'.

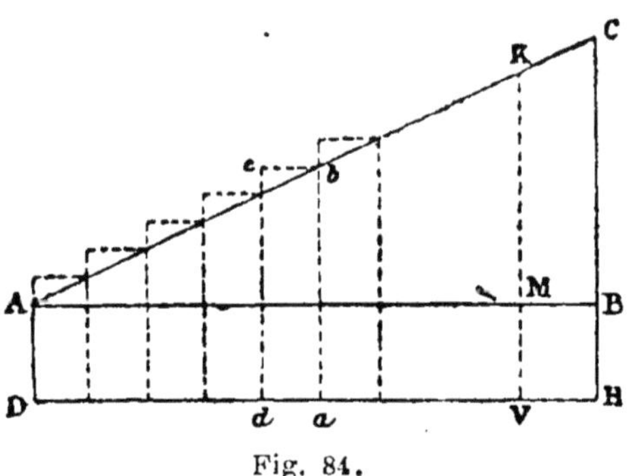

Fig. 84.

Il résulte de là que ab, par exemple, représente la vitesse du mobile au bout du temps Da. Si nous supposons cette vitesse constante pendant toute la durée de l'intervalle de temps da, l'espace parcouru pendant cet intervalle sera numériquement représenté par l'aire du rectangle $abcd$. En raisonnant comme nous l'avons fait, au sujet de la figure 83, on verrait donc que l'espace total parcouru par le mobile a pour valeur numérique l'aire du trapèze ADHC, dans lequel les bases AD et CH valent la première a et la seconde $a+\gamma t$, tandis que la hauteur DH vaut t. Le produit de la demi-somme des bases par la hauteur est ainsi :

$$\frac{a+a+\gamma t}{2}.\ t=at+\frac{\gamma t^2}{2}.$$

L'espace total parcouru par le mobile est donc :

$$e=at+\frac{\gamma t^2}{2}.$$

En troisième lieu, le mobile animé d'une vitesse initiale a est soumis à une accélération γ de sens contraire, de manière que sa vitesse au bout d'un temps t est égale à $v=a-\gamma t$. — Soit AB la valeur du temps t (fig. 85) ; élevons la perpendiculaire AC égale à la vitesse initiale a, et la perpendiculaire BD égale à la vitesse finale $a-\gamma t$. Joignons CD et menons CP parallèle à AB. — Au bout d'un temps quelconque AH $=t'$, la vitesse du mobile est donnée par HK. En effet HK $=$ HV $-$ KV. Or HV a même valeur que AC et par conséquent vaut a. Quant à KV, les deux triangles semblables KVC et DPC lui donnent pour valeur $\gamma t'$, en tenant compte de la valeur de DP, qui d'après la construction, est égale à γt. On a donc HK $=a-\gamma t'$. Cette perpendiculaire représente donc la vitesse du mobile au bout du temps AH $=t'$. Cela étant, il suffit de répéter les raisonnements déjà employés, pour voir que l'espace total parcouru par le mobile est numériquement re-

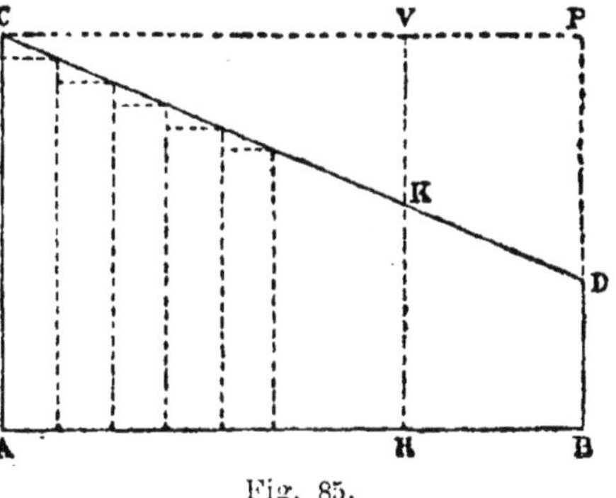

Fig. 85.

présenté par l'aire du trapèze ABCD, ayant pour bases d'une part $AC = a$, et d'autre part $BD = a - \gamma t$; et pour hauteur $AB = t$. Le produit de la demi-somme des bases par la hauteur est ainsi :

$$\frac{a + a - \gamma t}{2} t = at - \frac{\gamma t^2}{2}.$$

L'espace total parcouru pour le mobile est donc :

$$e = at - \frac{\gamma t^2}{2}.$$

CHAPITRE II

COMPOSITION DES MOUVEMENTS. — FORCES CONSTANTES

1. **Loi du mouvement relatif.** — Le mouvement est *absolu* lorsque le mobile est considéré dans ses changements réels de position au sein de l'étendue ; il est *relatif* lorsque le mobile est considéré dans ses variations de position par rapport à d'autres corps, que l'on regarde comme fixes mais qui peuvent eux-mêmes se mouvoir. Tous les mouvements observés à la surface de la terre ne sont que des mouvements relatifs, car nous les rapportons à certains points considérés comme fixes; et ces points en réalité se meuvent, puisqu'ils participent tous, en particulier, au mouvement qui emporte la planète autour du soleil.

Or l'expérience de chaque jour nous enseigne que les mouvements relatifs ne sont en rien modifiés par les mouvements communs aux divers corps comparés entre eux. La locomotive, par exemple, se déplace à la surface de la terre en mouvement, de la même manière qu'elle se déplacerait à la surface de la terre immobile. A son tour, la progression de la locomotive ne trouble pas le mouvement de ses divers organes, qui fonctionnent comme si la machine ne changeait de place. Dans un wagon en marche, la chute d'un objet s'accomplit et les rouages d'une montre continuent leur rotation comme si le wagon était au repos. Les passagers d'un navire, voguant sur une mer calme, vont et viennent, aussi libres de mouvements que sur le même navire à l'ancre dans le port. Tous les faits de ce genre sont d'accord pour établir cette loi fondamentale, résultat de l'expérience : *Un mouvement commun à divers points matériels n'altère pas les mouvements relatifs de ces points entre eux.* Ou bien encore : *Un corps déjà animé d'un mouvement obéit à un second mouvement comme si le premier n'existait pas.*

2. Composition de deux mouvements simultanés rectilignes et uniformes. — La loi du mouvement relatif conduit à la *composition des mouvements*, c'est-à-dire à la détermination du mouvement unique que doit prendre un mobile animé de plusieurs mouvements simultanés. Considérons d'abord le cas le plus simple, celui où le mobile est animé de deux mouvements simultanés, rectilignes et uniformes.

Concevons que le point A (fig. 86) se meuve d'une manière uniforme suivant la droite AX, avec une vitesse qui lui fasse parcourir la longueur AB dans le temps t. Supposons en outre que la droite AX se déplace parallèlement à elle-même, d'un mouvement uniforme, et vienne occuper la position CV au bout de ce même temps t. Le point A sera de la sorte soumis à

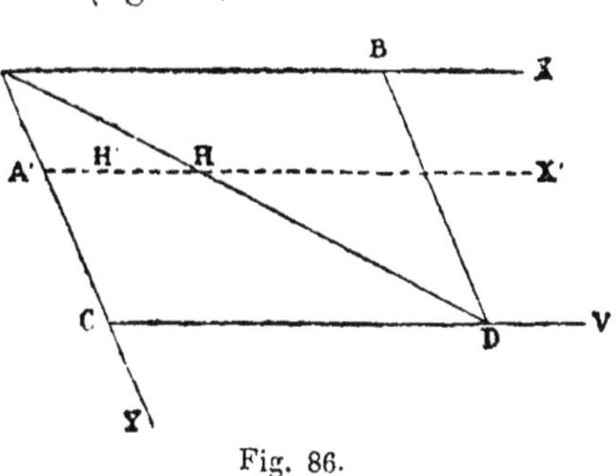

Fig. 86.

deux mouvements simultanés : celui qui lui fait parcourir la droite AX, et celui qui lui est commun avec cette droite, transportée peu à peu de sa première position dans la position CV. Or, sur cette droite mobile, le point A se meut absolument comme il se mouvrait sur la même droite immobile ; il y parcourt donc, dans le temps t, une longueur égale à AB. Il se trouve par conséquent en D, lorsque la droite possède la position CV, où elle s'est transportée dans ce même laps de temps t. Ainsi le point mobile A, après t secondes, occupe l'extrémité de la diagonale du parallélogramme ABCD construit sur AB et AC, valeurs des distances que les deux mouvements simultanés font parcourir dans un même temps.

Examinons actuellement quel est le trajet suivi par le mobile pour se rendre de A en D. La droite AX se transporte en CV dans le temps t; et comme elle se meut d'un mouvement uniforme, sa position A'X' au bout d'un temps t', doit être telle que l'on ait :

$$\frac{AA'}{AC}=\frac{t'}{t}.$$

Soit, d'un autre côté, H' la position du mobile sur A'X' au bout de ce temps t'. Comme le mouvement est encore uniforme, les espaces A'H' et CD, parcourus le premier dans le temps t', le second dans le temps t, doivent être proportionnels aux temps.

$$\frac{A'H'}{CD}=\frac{t'}{t}.$$

Ces deux égalités conduisent à celle-ci :

$$\frac{A'H'}{CD}=\frac{AA'}{AC}.$$

Mais les deux triangles semblables AA'H et ACD donnent :

$$\frac{A'H}{CD}=\frac{AA'}{AC}.$$

Cette égalité, combinée avec la précédente, démontre que le point H′ se confond avec le point H. Donc, le mobile, à un instant quelconque, se trouve sur la diagonale AD.

En outre, il se meut sur cette diagonale d'un mouvement uniforme, car les mêmes triangles semblables fournissent :

$$\frac{AH}{AD}=\frac{AA'}{AC};$$

ou bien, en remplaçant $\frac{AA'}{AC}$ par son égal $\frac{t'}{t}$.

$$\frac{AH}{AD}=\frac{t'}{t}.$$

Ainsi, l'espace AH, parcouru pendant le temps t', et l'espace AD, parcouru pendant le temps t, sont proportionnels aux temps employés à les parcourir. Le mouvement est donc uniforme.

Les espaces AD, AB, AC, étant tous les trois parcourus d'un mouvement uniforme pendant un même temps t, les vitesses suivant chacune de ces trois directions sont proportionnelles aux longueurs AD, AB, AC.

Si l'on voulait avoir l'expression de la vitesse x suivant AD, connaissant v la vitesse suivant AX et v' la vitesse suivant AY, ainsi que l'angle A, formé par les deux directions AX et AY, on raisonnerait ainsi. AD étant parcouru d'un mouvement uniforme pendant le temps t avec la vitesse x, on a : $AD=xt$. De même : $AB=vt$, et $AC=v't$.

Mais le triangle ACD fournit :

$$\overline{AD}^2=\overline{CD}^2+\overline{AC}^2-2CD.AC\ \text{Cos}\,C.$$

Les angles C et A du parallélogramme étant supplémentaires, leurs cosinus sont égaux et de signe contraire. Enfin CD=AB. L'égalité ci-dessus revient ainsi à :

$$\overline{AD}^2 = \overline{AB}^2 + \overline{AC}^2 + 2\,AB.AC\,\text{Cos}\,A.$$

En remplaçant AD, AB et AC par leurs valeurs, et en supprimant le facteur commun t^2, nous obtiendrons :

$$x^2 = v^2 + v'^2 + 2vv'\,\text{Cos}\,A,$$

$$x = \sqrt{v^2 + v'^2 + 2vv'\,\text{Cos}\,A}.$$

Telle est la vitesse du mobile suivant la diagonale qu'il parcourt d'un mouvement uniforme :

3. Composition de deux mouvements simultanés rectilignes et uniformément variés. — Supposons maintenant que le mobile A se déplace sur AX (fig. 86) d'un mouvement uniformément varié, de manière à parcourir AB dans un temps t ; tandis que la droite AX se déplace parallèlement à elle-même, aussi d'un mouvement uniformément varié, et vient occuper la position CV au bout de ce même temps t.

D'abord il est visible qu'à la fin du temps t, le mobile occupera le point D, extrémité de la diagonale du parallélogramme construit sur AB et AC. — En second lieu, établissons qu'à un instant quelconque, le mobile se trouve sur la diagonale AD. Admettons que pour se transporter de AX en A'X', la droite emploie un temps t'. Puisque le mouvement de cette droite est uniformément varié, les espaces A'A et AC, parcourus le premier dans le temps t', le second dans le temps t, sont proportionnels aux carrés du temps :

$$\frac{AA'}{AC} = \frac{t'^2}{t^2}.$$

D'autre part, soit H' la position que le mobile occupe sur A'X' au bout du temps t'. Comme le mouvement du mobile sur cette droite est uniformément varié, les espaces A'H' et CD, parcourus le premier dans le temps

t', le second dans le temps t, sont aussi proportionnels aux carrés du temps :

$$\frac{A'H'}{CD} = \frac{t'^2}{t^2}.$$

Ces deux égalités fournissent :

$$\frac{A'H'}{CD} = \frac{AA'}{AC}.$$

Mais les deux triangles semblables AA′H et ACD donnent :

$$\frac{A'H}{CD} = \frac{AA'}{AC}.$$

Donc le point H′ n'est autre chose que le point H. Ainsi le mobile se meut suivant la diagonale AD.

De plus, il se meut sur cette diagonale d'un mouvement uniformément varié, car les deux triangles semblables AA′H et ACD donnent :

$$\frac{AH}{AD} = \frac{AA'}{AC}.$$

Ce qui devient, à cause de $\frac{AA'}{AC} = \frac{t'^2}{t^2}$.

$$\frac{AH}{AD} = \frac{t'^2}{t^2}.$$

Les espaces AH et AD, parcourus l'un dans le temps t', l'autre dans le temps t, sont donc proportionnels aux carrés des temps employés à les parcourir; et par suite le mouvement est uniformément varié.

Proposons-nous enfin de trouver l'accélération suivant AD, connaissant k l'accélération suivant AB et h l'accélération suivant AC. Désignons par γ l'accélération cherchée. Au bout du temps t, on doit avoir :

$$AD = \frac{\gamma t^2}{2}.$$

On doit avoir aussi :

$$AB = \frac{kt^2}{2}, \text{ et } AC = \frac{ht^2}{2}.$$

Mais le triangle ACD (fig. 86) donne la relation

$$\overline{AD}^2 = \overline{CD}^2 + \overline{AC}^2 - 2.\ CD.\ AC.\ \text{Cos}\ C.$$

En suivant la même marche qu'au paragraphe 2 et supprimant les facteurs communs, on obtient pour γ, valeur de l'accélération suivant AD.

$$\gamma = \sqrt{k^2 + h^2 + 2\,kh\ \text{Cos}\,A}.$$

Nous résumerons ainsi les deux cas qui viennent d'être démontrés : *Un mobile animé de deux mouvements, soit uniformes, soit uniformément variés, se meut suivant la diagonale du parallélogramme construit sur les deux chemins que ces mouvements lui feraient parcourir isolément et dans un même temps. Il s'y meut, dans le premier cas, d'une manière uniforme ; dans le second cas, d'une manière uniformément variée ; et la parcourt dans le même temps qu'il aurait mis à parcourir chacun des deux autres trajets.*

4. Composition d'un nombre quelconque de mouvements rectilignes, uniformes ou uniformément variés. — Un mobile pourrait être animé de plus de deux mouvements, soit tous uniformes, soit tous uniformément variés, et toujours rectilignes. D'après ce que nous venons de voir, le mouvement résultant de cet ensemble s'obtiendrait, de proche en proche, exactement comme l'on obtient la résultante de plusieurs forces appliquées à un même point.

On porterait bout à bout, à partir de l'un quelconque d'entre eux, les divers chemins parcourus dans un même temps ; et la droite qui achèverait le contour polygonal, serait, en grandeur et en direction, le chemin parcouru par le mobile.

5. Composition d'un mouvement rectiligne uniforme et d'un mouvement rectiligne uniformément varié. — Admettons que le mobile A (fig. 87) se déplace dans la direction AY d'un mouvement uniformément varié avec l'accélération γ; tandis que la droite AY se meut elle-même perpendiculairement à AX, et d'un mouvement uniforme avec la vitesse a. Au bout d'un temps t, quand la droite AY occupera la position PM, on devra avoir :

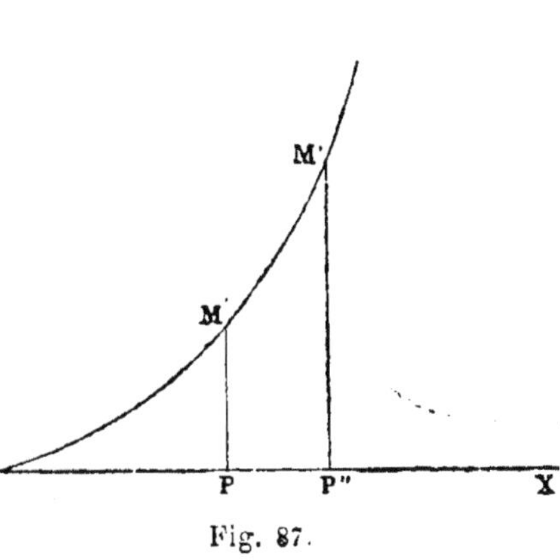

Fig. 87.

$$PM = \frac{\gamma t^2}{2}, \text{ et } AP = at.$$

Pareillement, au bout du temps t', lorsque AY aura la position P'M', on aura :

$$P'M' = \frac{\gamma t'^2}{2}, \text{ et } AP' = at'.$$

De ces égalités, on déduit :

$$\frac{PM}{P'M'} = \frac{t^2}{t'^2} \quad \frac{AP}{AP'} = \frac{t}{t'},$$

et par conséquent :

$$\frac{PM}{P'M'} = \frac{\overline{AP}^2}{\overline{AP'}^2}.$$

Les perpendiculaires PM et P'M' sont donc dans le même rapport que les carrés de AP et de AP'. Les points M, M'. etc., occupés successivement par le mobile, appartiennent par conséquent au genre de courbe nommée *parabole*. Ainsi, dans les conditions que nous avons supposées, la trajectoire du mobile est une parabole dont le sommet est au point A.

6. Mouvement de rotation uniforme autour d'un axe fixe. — De tous les mouvements curvilignes, le plus simple est le mouvement *circulaire* ou de *rotation*, c'est-à-dire celui d'un corps dont tous les points décrivent des circonférences autour d'un axe fixe. Il peut d'ailleurs être uniforme, ou varié d'après telle ou telle autre loi.

Soient deux points B et b (fig. 88) invariablement liés l'un à l'autre et tournant autour d'un même axe A. A cause de leur liaison, ils décrivent évidemment, dans un même temps, des angles égaux BAC et bAc. Les deux arcs BC et bc sont donc semblables, et leurs longueurs sont proportionnelles à leurs rayons respectifs AB et Ab.

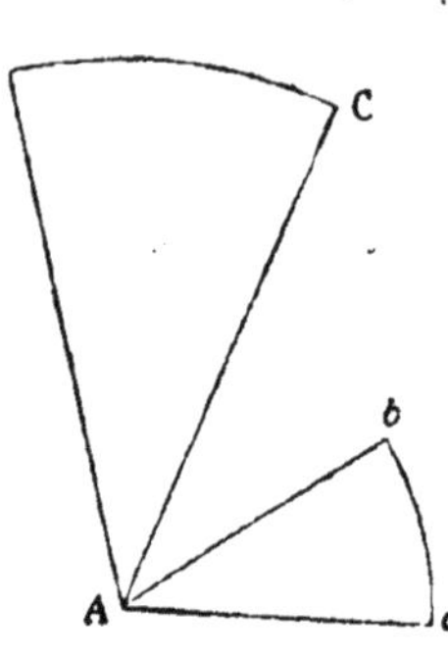

Fig. 88.

Ainsi, *lorsqu'un corps tourne autour d'un axe, ses divers points parcourent dans un même temps des arcs dont la longueur est proportionnelle à la distance à l'axe de rotation.*

Le mouvement circulaire est *uniforme* si chaque point du corps décrit des arcs égaux en des temps égaux ; il est *varié* si chaque point du corps décrit des arcs inégaux en des temps égaux. Nous ne considérerons ici que le mouvement uniforme.

7. Vitesse angulaire. — Prenons un point quelconque distant de l'axe d'une quantité égale à l'unité de longueur, et désignons par ω l'arc décrit par ce point dans l'unité de temps. Cet arc ω est ce qu'on appelle la *vitesse angulaire.* La vitesse d'un autre point distant de l'axe de la longueur r, c'est-à-dire l'arc parcouru par ce point dans l'unité de temps, sera évidemment $r\omega$. Il suffit donc de multiplier la vitesse angulaire par la distance à l'axe pour obtenir la vitesse d'un point quelconque correspondant à cette distance. Quant à l'arc parcouru pendant un temps t par un point distant de r, il est donné par la formule

$$a = \omega r t.$$

Réciproquement, connaissant la longueur a de l'arc parcouru pendant un temps t par un point distant de l'axe d'une longueur r, on aura la vitesse angulaire en divisant a par le produit de r et de t.

$$\omega = \frac{a}{rt}.$$

Soit encore n le nombre de tours que le corps fait pendant un temps t. Le chemin parcouru pendant ce temps par un point situé à l'unité de distance, est $n.2\pi$; et l'arc parcouru pendant l'unité de temps, c'est-à-dire l'arc ω, est :

$$\omega = \frac{n.2\pi}{t}.$$

8. Théorème. — *Une force constante, agissant sur un point matériel qui part du repos ou qui est animé d'une vitesse initiale de même direction que la force, lui imprime un mouvement uniformément varié.* Une force est dite *constante* lorsqu'elle agit à chaque instant avec la même intensité et dans la même direction.

Considérons un corps partant du repos et soumis à l'action d'une pareille force f. Pendant la première seconde, cette force lui imprime une certaine impulsion, qui se traduit par une vitesse acquise, vitesse que nous représenterons par γ. Cela signifie que si, à la fin de la première seconde, la force cessait d'agir, et que le corps fût abandonné à lui-même, celui-ci, en vertu de l'impulsion qui maintenant l'anime, parcourrait γ mètres pendant la seconde suivante, pendant la troisième, pendant la quatrième, indéfiniment ; car, par suite de l'inertie, il ne peut modifier en rien l'impulsion dont il était animé.

Mais la force ne cesse pas d'agir, comme nous le

supposons : elle agit, au contraire, à tous les instants avec une intensité constante et dans une invariable direction. Elle imprime donc au corps, pendant la deuxième seconde, une impulsion précisément égale à celle qu'elle a communiqué pendant la première seconde. Or, nous avons reconnu, d'après la loi du mouvement relatif, qu'un corps déjà en mouvement obéit à une impulsion comme il le ferait partant du repos. La nouvelle impulsion s'ajoute donc à la première, puisqu'elle est de même direction, et le corps se trouve ainsi animé d'une vitesse 2γ au bout de la deuxième seconde. Si maintenant la force cessait d'agir, le corps, à cause de l'inertie, continuerait à se mouvoir avec la vitesse constante 2γ, c'est-à-dire qu'il parcourrait 2γ mètres dans chacune des secondes suivantes.

Les mêmes faits se reproduisent pendant la troisième seconde. La force imprime au mobile une impulsion nouvelle de même valeur ; cette impulsion s'ajoute à celle dont le corps est déjà animé, et au bout de la troisième seconde, le mobile possède la vitesse 3γ, c'est-à-dire qu'il est apte désormais à parcourir de lui-même, sans nouvelle intervention de la force, l'espace 3γ par seconde.

On voit donc que, de seconde en seconde, par l'action incessante de la force, la vitesse dont le corps est animé s'accroît de γ. Si nous représentons par t le nombre de secondes, au bout de ce temps la vitesse sera donc :

$$v = \gamma t.$$

Nous avons admis que le mobile partait du repos. S'il était animé d'une vitesse initiale a de même direction que la force, à cette vitesse initiale s'ajouterait la vitesse acquise par l'action de la force, et l'on obtiendrait pour expression de la vitesse du mobile à un instant donné :

$$v = a + \gamma t.$$

Si, au contraire, la vitesse initiale et la force étaient

de sens contraire, la vitesse acquise par l'action de la force se retrancherait de l'impulsion initiale, et l'on aurait :

$$v = a - \gamma t.$$

Dans les trois cas, nous arrivons donc à la formule de la vitesse caractéristique du mouvement uniformément varié ; et le théorème énoncé se trouve ainsi démontré.

9. Réciproque. — *Si un mobile possède un mouvement uniformément varié, la force qui l'anime est une force constante.* — En effet, puisque le mouvement est uniformément varié, la vitesse varie de la même quantité pendant des temps égaux ; et par conséquent la force produit la même accélération dans un même temps. Elle agit donc toujours avec la même intensité, c'est-à-dire qu'elle est constante.

10. Théorème. — *Deux forces constantes sont proportionnelles aux accélérations qu'elles produisent, en agissant séparément sur un même point matériel qui part du repos ou qui est animé d'une vitesse initiale de même direction que la force.* — Soient deux forces constantes F et F′ agissant séparément sur le même point matériel. Supposons-leur une commune mesure contenue, par exemple, cinq fois dans F et trois fois dans F′. A la force F nous pourrons substituer cinq forces égales à cette commune mesure, agissant simultanément et dans la même direction sur le point matériel. Puisque chaque force produit son effet comme si elle était seule, l'accélération totale du mobile sera la somme des cinq accélérations égales imprimées par chacune de ces cinq forces ; en d'autres termes, elle sera le quintuple de l'accélération que donnerait seule la force servant de commune mesure. Pareillement la force F′, égale à trois fois la commune mesure, imprimerait une accélération triple. Les accélérations γ et γ' communiquées par les forces F et F, sont donc entre elles dans le rapport de cinq à trois :

$$\frac{\gamma}{\gamma'}=\frac{5}{3}.$$

D'autre part, les forces sont supposées dans ce même rapport :

$$\frac{F}{F'}=\frac{5}{3}.$$

Donc $$\frac{F}{F'}=\frac{\gamma}{\gamma'}. \quad (1)$$

Ce qui démontre le théorème énoncé.

11. Masse. — L'égalité (1) peut se mettre sous la forme :

$$\frac{F}{\gamma}=\frac{F'}{\gamma'}.$$

Les forces constantes F et F' étant arbitraires, nous pouvons en supposer d'autres quelconques, agissant tour à tour sur le même mobile, et lui imprimant chacune une accélération différente. Ces nouvelles forces nous fourniront les mêmes relations que ci-dessus. Soit donc une série de forces F, F', F'', F''', etc., qui agissant séparément sur le même mobile, donnent lieu aux accélérations γ, γ', γ'', γ''', etc. On aura :

$$\frac{F}{\gamma}=\frac{F'}{\gamma'}=\frac{F''}{\gamma''}=\frac{F'''}{\gamma'''}=\text{etc.}$$

Donc : si un corps est sollicité successivement par plusieurs forces constantes, le quotient de chacune de ces forces par l'accélération qu'elle produit, est de valeur invariable. Ce quotient prend le nom de *masse* du corps.

12. Mesure de la masse au moyen du poids. — Le poids est une force constante. Appendu, en effet, à un dynamomètre, un corps fait fléchir le ressort à chaque instant de la même quantité. Son poids, cause de cette flexion, agit donc à chaque instant avec la même intensité. Abandonné à lui-même, un corps, sollicité par son poids, possèderait par conséquent un mouvement uniformément varié, dont nous représenterons l'accélération par g. Cela étant, le quotient du poids p du mobile par l'accélération g doit avoir la valeur invariable reconnue ci-dessus et nommée masse du corps. Si m désigne ce quotient de valeur constante, en un mot la masse, nous aurons donc :

$$\frac{p}{g} = m, \text{ ou bien } p = mg.$$

La physique démontre que, en un même lieu, l'accélération g, due à la pesanteur, est la même pour tous les corps, quelle que soit leur nature. Soit donc un autre corps de poids p'. Ce poids divisé par l'accélération g, donnera un quotient m' différent de m, et l'on aura :

$$m = \frac{p}{g}, \quad m' = \frac{p'}{g}.$$

D'où l'on déduit :

$$\frac{m}{m'} = \frac{p}{p'}.$$

Le rapport des masses de deux corps est donc le même que le rapport des poids. On peut, par conséquent, comparer les masses entre elles en comparant les poids soit avec la balance soit avec le dynamomètre.

Le poids d'un corps varie à la surface de la terre ; il varierait encore davantage à la surface de l'un des globes célestes, planète, satellite ou soleil. La masse, au contraire, est de valeur constante en tous les points de l'univers. Car soient p et p' les poids d'un même corps en des lieux différents, et g, g', les accélérations qui leur correspondent. La proportionnalité des forces constantes et de leurs accélérations fournit l'égalité de rapports :

$$\frac{p}{p'} = \frac{g}{g'}.$$

D'où $\frac{p}{g}=\frac{p'}{g'}$,

c'est-à-dire que la masse ne varie pas.

13. Proportionnalité des forces constantes aux vitesses. — Deux forces constantes F et F′ agissent séparément sur le même mobile partant du repos, et lui impriment les accélérations γ et γ'. On a donc :

$$\frac{F}{\gamma}=\frac{F'}{\gamma'}, \quad \text{ou bien } \frac{F}{F'}=\frac{\gamma}{\gamma'}.$$

Mais si le mobile part du repos, sa vitesse au bout du temps t sera, suivant que la force agissante est F ou F′ :

$$v=\gamma t, \quad v'=\gamma' t.$$

D'où $\frac{\gamma}{\gamma'}=\frac{v}{v'}$; et par suite $\frac{F}{F'}=\frac{v}{v'}$.

Donc : *Deux forces constantes, agissant isolément sur un même corps partant du repos, sont entre elles dans le même rapport que les vitesses imprimées dans un même temps.*

14. Propositions diverses sur les forces constantes. — Deux forces constantes F et F′ agissent sur deux corps différents de masse m et m' et leur communiquent les accélérations γ et γ'. On a ainsi :

$$\frac{F}{\gamma}=m, \quad \frac{F'}{\gamma'}=m'.$$

D'où

$$\frac{F}{F'}=\frac{m\gamma}{m'\gamma'}. \quad (1)$$

Donc : *Deux forces constantes, agissant sur des corps de masse différente, sont entre elles comme les produits des masses des corps par les accélérations qu'elles leur impriment.*

Si les deux corps partent du repos, on aura pour expression de leur vitesse au bout du temps t :

$$v=\gamma t, \quad v'=\gamma' t.$$

Ce qui fournit :

$$\frac{\gamma}{\gamma'} = \frac{v}{v'}.$$

En portant cette valeur dans la formule (1), on obtient :

$$\frac{F}{F'} = \frac{mv}{m'v'}. \quad (2)$$

Ainsi *deux forces constantes appliquées à des corps de masse différente partant du repos, sont dans le même rapport que les produits des masses de ces corps par les vitesses imprimées au bout d'un même temps.*

On nomme *quantité de mouvement* d'un corps, le produit de la masse de ce corps par sa vitesse. En faisant usage de cette expression, on peut donc dire que *deux forces constantes sont proportionnelles aux quantités de mouvement qu'elles produisent.*

Si les deux forces F et F' sont égales, la relation (2) revient à

$$mv = m'v' \quad \text{ou bien} \quad \frac{v}{v'} = \frac{m'}{m}.$$

Donc : *les vitesses imprimées par une même force à deux corps différents sont en raison inverse des masses de ces corps.*

Enfin, si les deux vitesses v et v' sont égales, la relation (2) devient :

$$\frac{F}{F'} = \frac{m}{m'}.$$

C'est-à-dire *que deux forces constantes sont dans le même rapport que les masses des corps auxquels elles communiquent même vitesse dans le même temps.*

CHAPITRE III

LOIS DE LA CHUTE DES CORPS

1. La pesanteur est une force constante. — Les forces dont la physique étudie les effets sont pour la plupart variables d'intensité, avec le temps, en un même lieu. C'est ainsi que le magnétisme terrestre affecte différemment l'aiguille aimantée d'une époque à l'autre; c'est ainsi que la chaleur due à l'insolation est variable suivant la saison, suivant l'heure du jour. La pesanteur, au contraire, en un lieu déterminé, conserve une invariable valeur, indépendante du temps. Telle elle agissait hier en un lieu, telle elle agit aujourd'hui et telle elle agira demain. Ce qu'elle est en puissance à un moment donné, elle l'est à tout autre moment. L'effet qu'elle produit sur un corps pendant un certain instant ne diffère pas de l'effet produit pendant l'instant qui précède ou l'instant qui suit. C'est, en un mot, une force *constante*. Une expérience très simple le démontre.

Soit une lame d'acier fixée horizontalement par une extrémité. A son extrémité libre, nous suspendons un corps avec un fil. Par l'effet de la pesanteur, ce corps fait fléchir la lame, la courbe. Or le degré de courbure que prend la lame est évidemment subordonné à l'intensité de la pesanteur ; il doit être plus ou moins prononcé suivant que l'attraction terrestre agit avec plus ou moins de puissance sur le corps. Si la courbure varie d'un moment à l'autre, la pesanteur varie aussi; si la courbure ne change pas, la pesanteur ne change pas non plus. Or, on constate que la courbure prise une première fois par la lame se conserve exactement la même pendant toute la durée de l'expérience si longtemps qu'elle se prolonge. La pesanteur agit donc à tous les instants avec la même intensité et dans la même direction.

2. Loi de la vitesse acquise. — D'après le paragraphe 8 du précédent chapitre, puisqu'elle est une force constante, la pesanteur doit imprimer aux corps un mouvement uniformément varié. Si donc nous représentons par g l'accélération due à la pesanteur, c'est-à-dire la vitesse acquise par le mobile au bout de la première seconde de chute, nous n'avons qu'à répéter mot pour mot le raisonnement développé dans le paragraphe 8 pour arriver à l'expression de la vitesse au bout d'un temps t.

Si le corps part du repos, cette vitesse est :

$$v = gt \quad (1)$$

Ce que l'on énonce en disant que *la vitesse acquise par un corps tombant librement est proportionnelle au temps de la chute.*

Enfin si le corps était animé d'une vitesse initiale a, dirigée suivant la verticale, sa vitesse au bout du temps t serait :

$$v = a + gt \quad (2)$$

ou bien

$$v = a - gt \quad (3)$$

suivant que cette vitesse initiale serait dirigée de haut en bas, dans le même sens que la pesanteur, ou de bas en haut, en sens contraire de la pesanteur.

3. Loi des espaces parcourus. — En répétant ici soit la démonstration analytique des paragraphes 11 et 14 (chap. I, IIIme partie), soit la démonstration géométrique du paragraphe 15 du même chapitre, on trouverait pour expression de l'espace parcouru au bout d'un temps t, les valeurs suivantes :

$$e = \frac{gt^2}{2} \quad (4)$$

si le mobile part du repos ;

$$e = at + \frac{gt^2}{2} \quad (5)$$

si le mobile est animé d'une vitesse initiale a de même direction que la pesanteur ;

$$e = at - \frac{gt^2}{2} \quad (6)$$

si le mobile est animé d'une vitesse initiale a de direction contraire à celle de la pesanteur.

Le facteur g qui intervient dans la formule de la vitesse et dans celle de l'espace parcouru, doit être déterminé expérimentalement. On le déduit, pour un lieu déterminé, de l'observation du mouvement pendulaire, ainsi qu'il est expliqué dans les traités de physique. On peut l'obtenir aussi, mais avec moins de précision, à l'aide de la machine d'Atwood ou de l'appareil Morin, dont l'étude va bientôt nous occuper. Sa valeur à Paris est de $9^m,8$.

Revenons à la formule la plus importante, celle qui donne l'espace parcouru lorsque le corps part du repos.

$$e = \frac{gt^2}{2}.$$

Elle nous apprend que *l'espace parcouru par un corps tombant librement est proportionnel au carré du temps employé à le parcourir.*

Si dans cette formule, nous remplaçons g par $9^m,8$ ou $\frac{g}{2}$ par $4^m,9$; et si nous donnons à t les valeurs successives 1, 2, 3, 4, etc., nous obtiendrons le tableau suivant :

Espace parcouru en	1	seconde de chute	$= 1 \times 4^m,9$
—	2	—	$= 4 \times 4^m,9$
—	3	—	$= 9 \times 4^m,9$
—	4	—	$= 16 \times 4^m,9$

—	5	—	$= 25 \times 4^m,9$
—	6	—	$= 36 \times 4^m,9$
—	7	—	$= 49 \times 4^m,9$
	etc.		etc.

Considérons en particulier l'espace parcouru pendant la première seconde de chute, espace égal à $4^m,9$. Cet espace est la moitié de g ou $9^m,8$, c'est-à-dire la moitié de la vitesse acquise au bout de cette première seconde.

On voit par là qu'au bout d'une seconde de chute, un corps possède une vitesse qui lui ferait parcourir seule, sans nouvelle intervention de la pesanteur, pendant chacune des unités de temps suivantes, un espace double de celui qu'il vient de parcourir. C'est du reste un résultat auquel nous avait déjà conduits la discussion générale du mouvement uniformément varié quand le mobile part du repos.

4. Espace parcouru pendant chaque unité de temps en particulier. — La loi en vue dans ce paragraphe a été également obtenue en traitant du mouvement uniformément varié en général ; nous la repétons à cause de l'importance du sujet.

Le tableau qui précède nous permet d'obtenir l'espace parcouru pendant chaque seconde en particulier. Si, par exemple, nous voulons avoir l'espace que le corps parcourt pendant la cinquième seconde de sa chute, il faut, de l'espace parcouru en 5 secondes, retrancher l'espace parcouru pendant les 4 secondes qui précèdent; il faut enfin de $25 \times 4^m,9$ retrancher $16 \times 4^m,9$; ce qui donne $9 \times 4^m,9$. En opérant de cette manière pour chaque seconde considérée isolément, on obtient les valeurs suivantes :

Espace parcouru dans la	1re	seconde	$= 1 \times 4^m,9$
—	2me	—	$= 3 \times 4^m,9$
—	3me	—	$= 5 \times 4^m,9$
—	4me	—	$= 7 \times 4^m,9$

—	5me	—	$= 9 \times 4^m,9$
—	6me	—	$= 11 \times 4^m,9$
—	7me	—	$= 13 \times 4^m,9$
	etc.		etc.

Donc : *les espaces parcourus pendant chaque seconde en particulier croissent comme la série des nombres impairs.*

5. Vitesse acquise par un corps tombant d'une hauteur donnée. — Le mouvement d'un corps qui tombe en partant du repos, est déterminé par les deux formules :

$$v = gt,$$
$$e = \frac{gt^2}{2}.$$

La première donne la vitesse acquise au bout d'un nombre de secondes t; la seconde, l'espace parcouru pendant ce temps.

La combinaison de ces deux formules se prête à diverses applications; par exemple, à déterminer la vitesse qu'un corps acquiert en tombant d'une hauteur donnée.

Prenons la valeur de t dans la première égalité, savoir : $t = \frac{v}{g}$, et portons cette valeur dans la seconde égalité. Nous aurons ainsi :

$$e = \frac{g}{2}\frac{v^2}{g^2} = \frac{v^2}{2g}; \text{ d'où : } v = \sqrt{2ge}.$$

Ou bien, en représentant l'espace parcouru e par h, hauteur d'où le corps tombe :

$$v = \sqrt{2gh}. \quad \text{(A)}$$

Ainsi, un corps qui tombe d'une hauteur h possède, à la fin du parcours, une vitesse égale à la racine carrée du double produit de $9^m,8$ par la hauteur de la chute.

Si nous nous demandons, comme exemple, quelle est la vitesse acquise à la fin de la chute par un corps tombant librement de 100 mètres de haut, nous trouverons 44 mètres environ, en effectuant la formule :

$$v = \sqrt{2 \times 9,8 \times 100}.$$

6. Hauteur d'où devrait tomber un corps pour acquérir une vitesse donnée. — L'égalité (A) résolue par rapport à h, donne :

$$h = \frac{v^2}{2g}. \quad \text{(B)}$$

D'où l'on déduit la hauteur de la chute quand on connaît la vitesse acquise v.

7. Temps employé à parcourir un espace donné. — Si l'on résout par rapport à t, la formule :

$$e = \frac{gt^2}{2},$$

on obtiendra :

$$t = \sqrt{\frac{2e}{g}}$$

expression qui donnera le nombre de secondes de la chute quand on connaîtra l'espace e que le corps a parcouru.

8. Application. — Concevons un cercle dont le plan soit vertical ; et dans ce cercle, conduisons un diamètre AB, lui-même vertical (fig. 89). Si un corps part du point A sans vitesse initiale, et tombe suivant AB, quel temps mettra-t-il pour parcourir ce diamètre ? La formule précédente nous donne pour valeur de ce temps :

$$t = \sqrt{\frac{2.\,AB}{g}}.$$

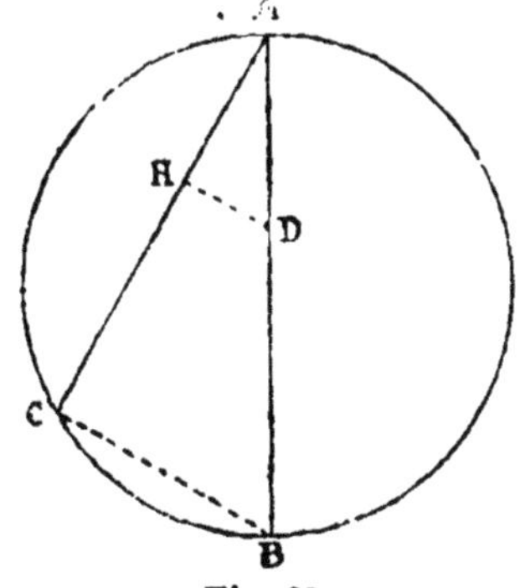

Fig. 89.

Imaginons maintenant un plan incliné représenté par

la corde AC. Quel temps mettra le corps pour parcourir AC, s'il glisse le long de ce plan incliné? Décomposons la force de la pesanteur, qui agit suivant la verticale AB, en deux autres forces, l'une dirigée suivant AC, l'autre perpendiculaire à cette direction. Cette dernière sera détruite par la résistance du plan incliné, et le mobile obéira uniquement à la composante suivant AC. Mais cette composante et la pesanteur sont deux forces constantes; elles sont donc proportionnelles aux accélérations qu'elles produisent. On peut alors représenter la force agissant suivant la verticale AB par g, tandis que la force agissant suivant AC sera représentée par g', ou accélération produite par cette composante AC. Prenons donc sur le diamètre une longueur $AD = g$, et par le point D menons DH perpendiculaire à la corde. L'accélération g' suivant AC sera AH.

Mais le temps t employé à parcourir la corde AC en vertu d'une force constante doit avoir une expression en tout semblable à celle que nous venons d'obtenir. Il suffit de substituer AC à AB et g' à g. On a ainsi :

$$t = \sqrt{\frac{2.\ AC}{g'}} = \sqrt{\frac{2.\ AC}{AH}}$$

Or les deux triangles semblables AHD et ACD donnent :

$$\frac{AC}{AH} = \frac{AB}{AD}, \text{ c'est-à-dire : } \frac{AC}{AH} = \frac{AB}{g}.$$

La valeur de t' devient donc :

$$t' = \sqrt{\frac{2.\ AB}{g}}.$$

C'est-à-dire que pour parcourir la corde AC, le temps est exactement le même que pour parcourir le diamètre AB. Mais cette corde est arbitraire. *Si donc on imagine autant de plans inclinés que l'on voudra, issus du point* A *et se terminant à la circonférence, tous seront parcourus en un même temps, par des mobiles partis du repos et assujettis à glisser suivant leur longueur ; et ce temps sera le même que celui qu'un corps mettrait à parcourir le diamètre vertical.*

9. Mouvement d'un corps pesant lancé de bas en haut suivant la verticale. — Un corps pesant est lancé de bas en haut suivant la verticale avec une vitesse a. Les formules de son mouvement sont alors :

$$v = a - gt \quad \text{(A)}$$

$$e = at - \frac{gt^2}{2}. \quad \text{(B)}$$

La première indique que la vitesse du mobile à chaque instant est égale à la vitesse initiale a diminuée de la vitesse gt que la pesanteur lui a imprimée en sens contraire. La seconde montre que l'espace parcouru après un temps quelconque est égal à l'espace at, que le corps parcourrait d'un mouvement uniforme avec sa vitesse initiale a, diminué de l'espace $\frac{gt^2}{2}$, que la pesanteur lui ferait parcourir en sens inverse dans le même temps. Sans recourir aux démonstrations que nous avons déjà données, on voit donc que ces deux formules s'imposent à l'esprit par la seule considération du principe en vertu duquel un corps en mouvement obéit à l'action d'une force comme il lui obéirait s'il partait du repos.

1° Le corps est lancé, disons-nous, de bas en haut suivant la verticale, avec une vitesse initiale a. Il montera tant que sa vitesse ascensionnelle ne sera pas nulle, ou tant que $a - gt$ ne sera pas égal à o. La durée de l'ascension complète sera par conséquent donnée par l'égalité :

$$a - gt = o; \quad \text{d'où } t = \frac{a}{g}.$$

Si nous représentons par θ la durée de l'ascension, on aura donc :

$$\theta = \frac{a}{g}.$$

Ce résultat était facile à prévoir. Le corps doit monter tant que sa vitesse initiale a n'est pas détruite par l'impulsion inverse de la pesanteur. Mais à chaque seconde, la pesanteur imprime au mobile une impulsion de valeur g ; cherchons donc combien de fois g est contenu dans a, et nous aurons le nombre de secondes de l'ascension. Nous sommes ainsi ramenés à la valeur θ que nous venons d'obtenir.

Si nous portons cette valeur θ, durée de l'ascension, à la place de t, dans la formule (B), nous aurons l'espace parcouru ou la hauteur à laquelle le corps s'élève :

$$e = a\frac{a}{g} - \frac{ga^2}{2\,g^2} = \frac{a^2}{2\,g}.$$

Représentons par h cet espace ou cette hauteur de l'ascension ; nous aurons, pour le mouvement ascendant :

$$h = \frac{a^2}{2\,g}, \quad \theta = \frac{a}{g}.$$

2° Arrivé au point le plus élevé de sa verticale, le corps retombe, sans vitesse initiale. Il est dans le cas d'un corps pesant qui, d'une hauteur h, serait abandonné à lui-même. Quel temps mettra-t-il pour redescendre ? Quelle sera sa vitesse en arrivant à terre ?

Pour résoudre la première question, faisons emploi de la formule

$$t = \sqrt{\frac{2\,e}{g}}$$

qui donne le temps employé à parcourir une verticale de longueur e ; et remplaçons e par h, c'est-à-dire par $\frac{a^2}{2g}$, hauteur d'où le corps tombe. Nous obtiendrons pour le temps θ' de la chute :

$$\theta' = \sqrt{\frac{2 . a^2}{g . 2g}} = \frac{a}{g},$$

valeur égale à celle de θ, durée de l'ascension. Ainsi, le corps, pour redescendre, met exactement le même temps qu'il a mis pour monter.

Si nous voulons avoir sa vitesse quand il arrive à terre, il faut dans la formule

$$v = gt,$$

remplacer t par θ' durée de la chute. Il vient ainsi :

$$v = g\frac{a}{g} = a.$$

Donc, le mobile, à la fin de sa chute, a acquis, sous l'action de la pesanteur, une vitesse égale à celle avec laquelle il a été lancé.

10. Étude expérimentale des lois de la pesanteur. Principe de la machine d'Atwood. — Quelques données très élémentaires de l'expérience et le calcul nous ont permis de formuler les lois de la pesanteur; nous nous proposons maintenant de retrouver ces lois en nous basant sur la seule expérimentation. Observer directement la chute d'un corps pour reconnaître l'espace parcouru dans un temps donné et en déduire les lois du mouvement, n'est pas chose possible à cause de la trop grande rapidité du mobile ; il faut recourir à des appareils particuliers qui ralentissent le mouvement au point de le rendre observable, ou qui inscrivent eux-mêmes les circonstances fondamentales de la chute. Le plus ingénieux des appareils propres à ralentir le mouvement sans en troubler les lois, est la machine qu'un savant anglais de l'Université de Cambridge, Atwood, fit connaître en 1782. Examinons d'abord sur quel principe elle repose.

Deux poids exactement égaux P et P′ sont appendus aux deux extrémités d'un fil très fin s'enroulant sur une poulie R très mobile (fig. 90). Placés en face l'un de l'autre, ces deux poids se font équilibre et restent immobiles ; ils se font encore équilibre s'ils sont placés à deux hauteurs différentes, pourvu que le fil soit assez fin pour que la différence de poids des deux longueurs inégales soit négligeable. Actuellement, sur P′, comme le représente la figure, disposons un poids additionnel p. Tout le système se mouvra, P′ descendant et P remontant ; mais la chute de P′ sera ralentie, et dans un rapport qu'il est facile de déterminer. La seule force en jeu ici est évidemment le poids additionnel p, puisque les deux autres poids P et P′ se font équilibre dans toutes les positions. Si ce poids p tombait seul, abandonné à lui-même sous l'influence de la pesanteur, il prendrait une accélération ou accroissement de vitesse de seconde en seconde, que nous représenterons par g. Mais au lieu de se mouvoir seul, il met aussi en mouvement les poids P et P′. Or, quand une même force constante agit sur des corps de masse différente, elle leur imprime des accélérations qui sont en raison inverse de ces masses. Si nous appelons g' l'accélération de l'ensemble, g' et g doivent donc être en raison inverse des masses ou des poids $p + P + P'$ et p. On a par conséquent :

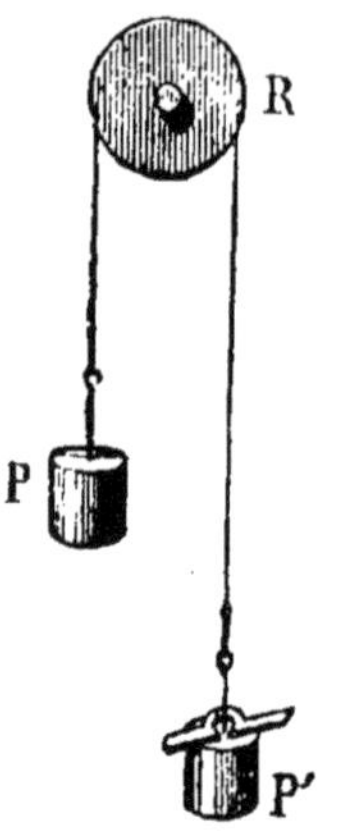

Fig. 90.

$$\frac{g'}{g} = \frac{p}{p + P + P'},$$

ou bien, en remarquant que P et P′ ont même valeur,

$$\frac{g'}{g} = \frac{p}{2P + p}.$$

Admettons que P et P′ soient l'un et l'autre de 50

grammes, et que p soit de 1 gramme. L'expression ci-dessus deviendra :

$$\frac{g'}{g} = \frac{1}{101},$$

c'est-à-dire que l'accélération sera rendue 101 fois moindre qu'elle ne l'est dans une chute libre. Par cet artifice, on peut donc donner à la chute telle lenteur que l'on voudra, et par conséquent la rendre directement observable. D'ailleurs les lois du mouvement ne seront pas altérées, puisque la force en action est toujours une force constante comme l'est la pesanteur sans entraves; les distances parcourues seront modifiées, mais non leurs rapports.

11. Description de la machine d'Atwood. — Une forte colonne en bois, de deux mètres et demi environ de hauteur (fig. 91), se termine supérieurement par une plate-forme, où est installée la poulie sur laquelle s'enroule le fil dont les extrémités donnent attache à des poids égaux. Cette poulie doit être d'une mobilité extrême, afin d'opposer le moins de résistance possible au mouvement du fil et des poids appendus. A cet effet, au lieu de faire reposer son axe F sur des coussinets fixes, on le fait reposer sur les circonférences de deux roulettes H et G, elles-mêmes très mobiles. Le fil s'engage dans deux ouvertures de la plate-forme, et l'une de ses branches descend parallèlement à une règle graduée PC. Sur cette règle peuvent se mouvoir et se fixer en tel point que l'on veut au moyen de vis de pression, deux curseurs, dont l'un E est plein, et dont l'autre D est évidé au centre. Ces deux curseurs sont représentés à part en E' et en D'.

A la colonne est fixé un pendule à secondes, qui mesure le temps pendant l'expérience et règle aussi l'instant de départ du mobile de la manière suivante : En P est une petite plate-forme mobile au tour d'un axe et placée en face du zéro de l'échelle. Elle est maintenue par une tige B en rapport avec le pendule ; enfin, elle supporte le mobile, c'est-à-dire le poids P surmonté du poids additionnel. Quand il commence son oscillation, le pendule agit sur la tige B, qui cesse de retenir la petite plateforme, et à l'instant la chute commence.

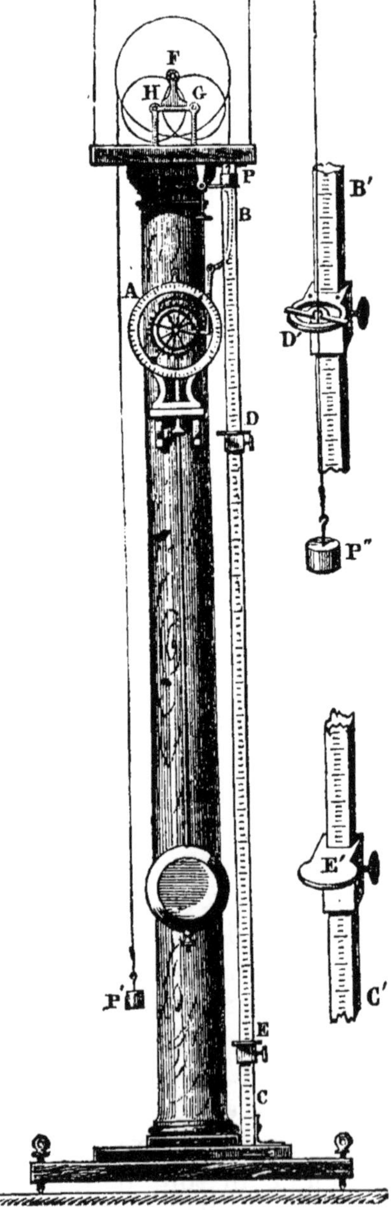

Fig. 91.

12. Loi des vitesses. — Le poids additionnel p se compose, comme on le voit en D', d'un corps de forme allongée ne pouvant passer à travers l'ouverture du curseur évidé. C'est ce poids qui met tout le système en mouvement ; s'il vient à être supprimé pendant la chute, les choses se passent comme si la pesanteur cessait brusquement d'agir. Cela dit, mettons le poids P surmonté du poids additionnel sur la plateforme mobile P, que le pendule doit faire basculer au début de ses oscillations. Plaçons ensuite le curseur évidé en un point tel que le mobile l'atteigne en une seconde. Quelques tâtonnements détermineront cette position. Cela fait, l'expérience commence. Le corps descend, et arrivé au curseur évidé D, il laisse sur celui-ci le poids additionnel, trop long pour pouvoir passer, tandis que le poids P traverse l'ouverture et continue sa marche. La force p, unique source du mouvement, cesse donc brusquement d'agir, et le poids P se meut désormais d'un mouvement uniforme avec la vitesse qu'il possédait à la fin de la première seconde de chute. Plaçons alors le curseur plein E en un point tel que le poids P y arrive une seconde après avoir traversé le curseur évidé : la distance entre les deux curseurs sera la mesure de la vitesse après la première seconde de chute ; ce sera l'espace que le corps est capable de parcourir pendant chaque seconde suivante avec sa seule vitesse acquise, la force p n'intervenant plus. Or, si l'on compare la distance du point de départ au curseur évidé, et la distance de celui-ci au curseur plein, on constate que celle-ci est le double de la première. La vitesse acquise est donc le double de l'espace parcouru, résultat conforme aux déductions du calcul.

On recommence l'expérience en plaçant le curseur annulaire en des points que le mobile atteigne au bout de 2, de 3, de 4 secondes, etc. Enfin on place le curseur plein de telle façon que le mobile y arrive une seconde après avoir laissé son poids additionnel sur le premier. La distance entre les deux curseurs donne chaque fois la vitesse acquise. Or, on trouve ainsi que la vitesse, après deux secondes de chute, est double de la vitesse après une seconde ; qu'elle est triple, quadruple, etc., après 3, 4 secondes, etc. Donc, *la vitesse acquise croît proportionnellement au temps.*

13. Loi des espaces parcourus. — La démonstration expérimentale de cette loi est des plus simples. On enlève le curseur annulaire, dont il n'est plus besoin ; et on ne laisse que le curseur plein, placé successivement en des points tels que le mobile y arrive après une, deux, trois, quatre, etc., secondes de chute. Les lectures faites sur la règle donnent chaque fois l'espace parcouru. Or, pour deux secondes, l'espace est quadruple de celui que le mobile a parcouru en une seconde; pour trois, il est neuf fois plus grand; pour quatre, il est seize fois plus grand, etc. Donc : *les espaces parcourus croissent proportionnellement au carré du temps.*

14. Détermination de la gravité. — Le même appareil peut servir à la détermination de la gravité ou accélération due à la pesanteur. Soient g cette valeur, et g' l'accélération observée avec la machine d'Atwood, c'est-à-dire la vitesse acquise par le mobile après la première seconde de chute. On doit avoir, ainsi que nous l'avons établi :

$$\frac{g'}{g} = \frac{p}{p + 2\,P}.$$

D'où l'on déduit :

$$g = g' \frac{p + 2\,P}{p}.$$

Il suffit donc de connaître la vitesse g' du mobile au bout d'une seconde de chute, le poids additionnel p, et les deux poids P qui s'équilibrent aux extrémités du fil, pour obtenir la valeur de g.

15. Appareil Morin. — Un cylindre A (fig. 92), revêtu d'une feuille de papier, est mobile autour d'un axe vertical TE. Le mouvement lui est communiqué par la chute d'un corps pesant S, appendu à un cordon qui s'enroule sur le tambour B. Celui-ci est armé d'une roue dentée C, qui, au moyen des vis sans fin E et D, met en rotation d'une part le cylindre, et d'autre part un moulin à ailettes PP'. La rotation du cylindre doit être uniforme pour le but que l'on se propose, et cependant la masse S, origine du mouvement, tombe avec une vitesse accélérée, si rien n'y met obstacle. Le moulin à ailettes a pour effet de convertir ce mouvement accéléré en un mouvement uniforme. Ses palettes éprouvent de la part de l'air une résistance, qui va croissant avec la vitesse du moulinet. Un moment ne tarde donc pas à arriver où cette résistance annule l'accroissement de vitesse, et la rotation se fait d'une manière sensiblement uniforme. — Une masse pesante I peut tomber librement, guidée dans sa chute par un fil rigide vertical M. Elle porte un crayon *c*, dont la pointe touche continuellement le papier dont le cylindre est revêtu. Pour déterminer sa chute, il suffit de presser sur le levier G. Une

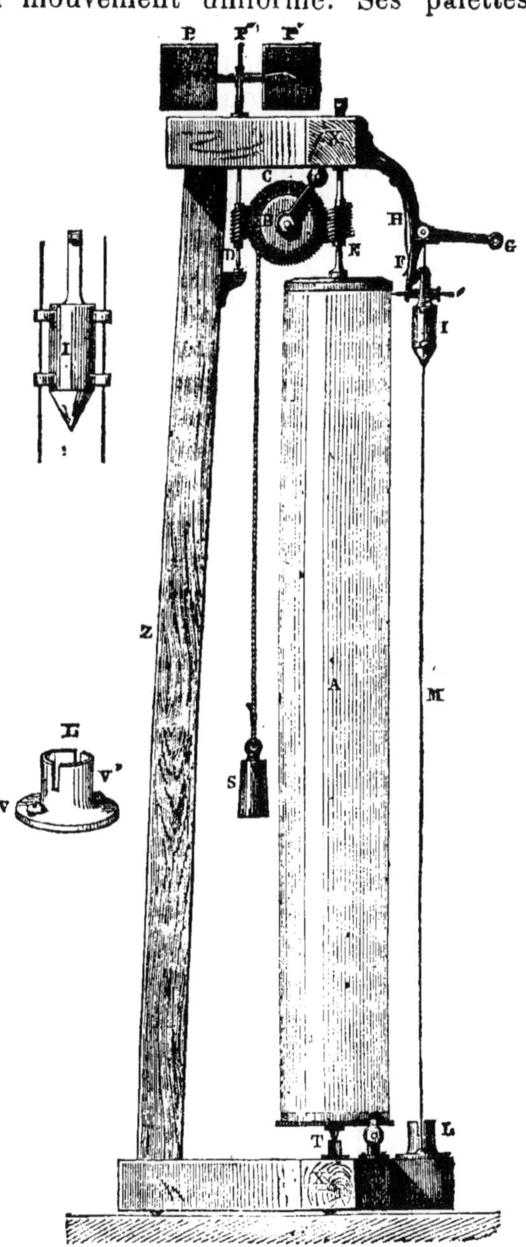

Fig. 92.

pièce creuse L reçoit la masse à la fin de sa chute.

L'appareil étant monté, c'est-à-dire le cordon de la masse S étant enroulée sur le tambour, on laisse le cylindre tourner quelque temps ; et lorsqu'on juge que son mouvement est devenu uniforme par l'effet croissant de la résistance de l'air aux ailettes du moulinet, on presse sur le levier G. Le corps I tombe librement suivant la verticale, tandis que le cylindre tourne d'un mouvement uniforme. Par l'effet de ce double mouvement, le crayon décrit sur le papier une courbe apte à nous renseigner sur les lois de la chute.

Fendons la feuille de papier suivant une génératrice du cylindre AB, passant par l'origine de la courbe (fig. 93) ; la feuille se développera en une surface plane. La chute totale sera AB. La quantité dont le cylindre aura tourné pendant cette chute sera BC. A un instant quelconque de la chute, la quantité dont le cylindre aura tourné, sera HF, IK, ED, etc. Mais comme le cylindre tourne d'un mouvement uniforme, ces quantités sont proportionnelles au temps, et peuvent par conséquent représenter le temps écoulé. Divisons donc BC, ou le temps de la chute totale, en un nombre arbitraire de parties égales, en quatre par exemple ; et menons les perpendiculaires 1 F, 2 K, 3 D, ce qui déterminera sur la courbe les points F, K, D. Menons enfin HF, IK, ED, parallèles à BC. Pendant le temps HF, le corps est tombé de la

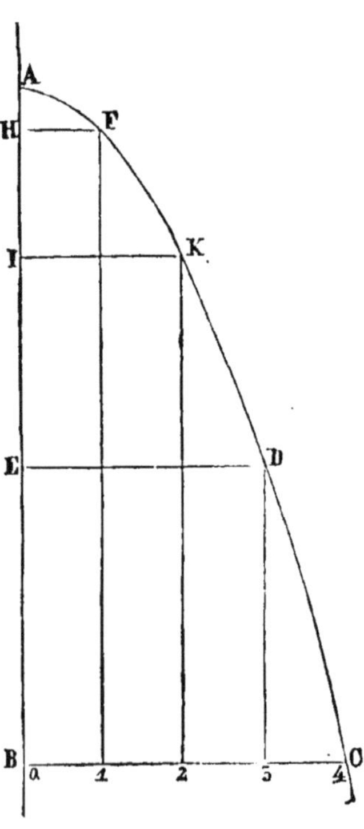

Fig. 93.

hauteur AH ; pendant les temps IK, ED, BC, il est tombé des hauteurs AI, AE, AB. Or si l'on mesure ces hauteurs, on trouve que la hauteur AI correspondant à un temps double, est quatre fois AH correspondant au temps HF ; que AE, correspondant à un temps triple, et AB, correspondant à un temps quadruple, sont neuf fois et seize fois AH. Ainsi se trouve démontrée la loi des espaces proportionnels au carré du temps.

La courbe tracée par le crayon du mobile sur la feuille de papier est une parabole, quand cette feuille est développée et déroulée en un plan. C'est la même courbe que décrirait un corps pesant lancé horizontalement avec une vitesse égale à la vitesse de rotation du cylindre.

CHAPITRE IV

NOTIONS SUR LE TRAVAIL DES FORCES

1. Travail d'une force. — Pour évaluer l'effet d'une force, deux facteurs doivent être pris en considération : 1° l'intensité de cette force ; 2° la quantité dont elle déplace son point d'application. Si la force devient double, triple, etc., il est visible que l'effet produit est lui-même double, triple, etc. Si le déplacement du point d'application est deux, trois fois plus grand, l'effet réalisé est lui aussi deux, trois fois plus considérable. L'effet est donc proportionnel au produit de l'intensité de la force par le chemin qu'elle fait parcourir en ligne droite à son point d'application. Ce produit se nomme travail. *Le travail d'une force constante, au bout d'un certain temps, est donc le produit de son intensité par le chemin qu'elle fait parcourir à son point d'application.*

Si l'un des facteurs devient nul, quelle que soit l'autre condition, il n'y a pas travail dans le sens mécanique du mot. Ainsi, un cheval déployant inutilement ses efforts pour faire avancer une voiture trop chargée ou arrêtée par un obstacle invincible, ne développe en réalité aucun travail, parce qu'il n'y a pas de chemin parcouru. La dépense de force se fait en pure perte, sans résultat obtenu, enfin sans travail. Il n'y a pas travail non plus si la voiture roule d'elle-même sur une pente, parce que dans ce cas la force dépensée est nulle, le cheval n'ayant aucun effort de traction à faire.

Dans ce qui précède, nous admettons que le déplacement est rectiligne et se fait suivant la direction même de la force ; mais il peut arriver que celle-ci n'agisse pas dans le sens du chemin parcouru. Dans ce cas, on décompose la force en deux autres, l'une dans la direction du mouvement, l'autre dans une direction perpendiculaire. Le travail de la première composante, défini comme nous venons de le faire, est le travail de la force proposée. Quant à la seconde composante, son travail est nul, car le chemin parcouru suivant la perpendiculaire est nul lui-même. C'est ainsi qu'une poussée latérale, exercée perpendiculairement au plan des roues, ne prend aucune part à la progression d'une voiture. Ainsi le travail est nul dans trois cas : 1° lorsque la force est nulle ; 2° lorsque le chemin parcouru est nul ; 3° lorsque la force agit dans une direction perpendiculaire au mouvement.

2. Travail d'une force qui agit tangentiellement à une circonférence. — Supposons une force constante F, qui agisse tangentiellement à une circonférence, au moyen d'un cordon enroulé par exemple. Son point d'application est le point de tangence du cordon. Pour obtenir le travail de cette force, il faudrait déterminer le déplacement de son point d'application dans le sens de sa direction.

A cet effet, substituons à la circonférence un polygone à côtés très petits, que nous représenterons par e, e', e'', etc. Quand le cordon, s'enroulant ou se déroulant, passe de l'élément e à l'élément e', son point d'application se déplace dans le sens du cordon ou dans le sens de la force, de la longueur e, et le travail développé est Fe, d'après la définition adoptée. De même, lorsque le cordon abandonne e' pour se porter en e'', le point d'application se déplace de e' dans le sens de la force; et le travail est Fe'. On voit donc qu'au bout du temps donné, le travail de la force sera :

$$F\,(e + e' + e'' + e''' + \text{etc.}).$$

La quantité entre parenthèses devient l'arc parcouru par le point d'application, si le polygone est à côtés infiniment petits. *Le travail est donc égal au produit de la force par l'arc qu'a parcouru son point d'application.*

3. Unité de travail. — Nous avons reconnu que les forces, quelle qu'en soit la nature, peuvent être comparées aux poids ; et qu'à ce point de vue, l'unité de poids ou le kilogramme peut être considérée comme l'unité de force. D'autre part, l'unité de longueur est le mètre. Le produit de cette unité de force et de cette unité de longueur, kilogramme et mètre, est pris pour unité de travail et se nomme *kilogrammètre*.

Supposons, par exemple, qu'un cheval attelé à une voiture développe une force de traction de 70 kilogrammes, ce que l'on reconnaît au moyen d'un dynamomètre interposé. Admettons, en outre, qu'il fasse parcourir à la voiture une longueur de 100 mètres. Dans ces conditions, le cheval aura produit un travail de 7 000 kilogrammètres.

Une unité plus forte, employée surtout pour l'évaluation des machines à vapeur, est ce qu'on nomme *cheval-vapeur*. Par cette expression, on entend la valeur de 75 kilogrammètres, c'est-à-dire le travail d'une force de 75 kilogrammes déplaçant de 1 mètre son point d'application. Ce travail est supérieur à celui que peut donner le cheval réel ou vivant, parce que dans les expériences qui ont servi à le déterminer, on a fait emploi de chevaux robustes, exerçant pour peu de temps des efforts exceptionnels. D'ailleurs le cheval réel a besoin de repos, et ne peut fournir, dans les vingt-quatre heures, que huit heures de travail en moyenne; tandis que le cheval-vapeur est exempt de fatigue et fonctionne sans discontinuer. Pour fournir dans les vingt-quatre heures le même travail que donne le cheval-vapeur, il faudrait environ cinq chevaux réels.

4. Machines à l'état de mouvement uniforme. — Dans toute machine qui fonctionne, deux forces sont en action, tendant à produire des mouvements inverses : d'une part, la *résistance* qu'il s'agit de surmonter, et d'autre part la *puissance* ou l'effort développé pour vaincre la première force. Lorsque l'élan est donné et que la machine fonctionne avec un mouvement uniforme, quel rapport y a-t-il entre la puissance et la résistance?

Si la puissance dépassait la valeur nécessaire à l'équilibre, le mouvement s'accélérerait; si elle lui était inférieure, le mouvement se ralentirait. Puisque le mouvement de l'appareil ne s'accélère ni ne se ralentit, enfin se conserve, il faut donc que la puissance possède à chaque instant la valeur nécessaire à l'équilibre. De là cette relation remarquable entre les deux forces : *Dans les machines à l'état de mouvement uniforme, les forces en action sont les mêmes que celles qui se feraient équilibre sur l'appareil en repos.*

5. Égalité du travail moteur et du travail résistant. — Levier. — Le *travail moteur* est le travail de la puissance, nommée aussi *force mouvante.* Il est représenté, comme nous venons de le voir, par le produit de la puissance et du chemin que parcourt son point d'application suivant la direction de cette force. Le *travail résistant* est celui de la résistance. Or, *dans toute machine, à l'état de mouvement uniforme, le travail moteur est égal au travail résistant*, abstraction faite des causes de déperdition de force dont nous aurons bientôt à nous occuper. Dans ce qui va suivre, nous supposerons donc d'abord la machine parfaite, c'est-à-dire apte à utiliser intégralement la puissance qui lui est appliquée.

Le levier BAC (fig. 94) a pour appui le point A. En B agit la puissance P, perpendiculairement à AB; en C agit la résistance Q, perpendiculairement à AC. Le mouvement de l'appareil se traduit par une rotation autour du point fixe A. Le point d'application de la puissance décrit l'arc BB', pendant que le point d'application de la résistance décrit l'arc CC'. La force P peut être considérée comme agissant tangentiellement à la circonférence dont fait partie l'arc BB'. Son travail est donc $P \times BB'$. Pareillement le travail de la résistance est $Q \times CC'$. Il s'agit d'établir l'égalité de ces deux valeurs.

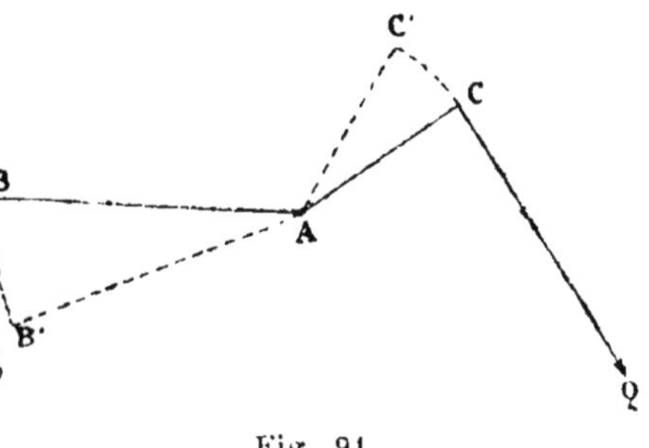

Fig. 94.

Les arcs BB' et CC', correspondant à des angles de même valeur, sont semblables; et leurs longueurs sont proportionnelles aux rayons avec lesquels ils sont décrits :

$$\frac{BB'}{CC'} = \frac{AB}{AC}.$$

D'autre part, le mouvement du levier étant admis comme uniforme, la relation entre les deux forces est la même que pour l'équilibre; c'est-à-dire que ces forces sont entre elles en raison inverse des bras du levier.

$$\frac{Q}{P} = \frac{AB}{AC}.$$

De ces deux égalités, résulte :

$$\frac{BB'}{CC'} = \frac{Q}{P}; \text{ ou bien : } P.\,BB' = Q.\,CC'. \quad (1)$$

c'est-à-dire que le travail de la puissance est égal au travail de la résistance.

Une conséquence bien remarquable se dégage de l'égalité (1), conséquence que nous retrouverons dans toute autre machine. Avec une puissance P de valeur moindre, on peut vaincre une résistance Q de valeur plus forte, à la condition que cette puissance agisse à l'extrémité d'un bras de levier plus long. Mais alors le chemin parcouru par le point d'application de la puissance est plus considérable que celui que parcourt le point d'application de la résistance. L'égalité (1) établit, en effet, que si la puissance P est deux, trois, quatre fois moindre que la résistance Q, il faut que, de son côté, l'arc BB′ soit deux, trois, quatre fois plus grand que l'arc CC′, afin que les deux produits soient de même valeur. Dans ce cas, on gagne en force, c'est-à-dire qu'avec une puissance moindre on surmonte une résistance plus grande ; mais on perd en chemin parcouru, c'est-à-dire que le déplacement du point d'application de la puissance est plus considérable que celui de la résistance.

Un effet inverse aurait lieu si la puissance était Q (fig. 94), et que la résistance à vaincre fût P. La puissance, agissant sur un bras du levier plus court, aurait plus grande valeur que la résistance ; mais en compensation le chemin parcouru serait moindre dans le même rapport. Alors on perdrait en force, mais on gagnerait en chemin parcouru. D'une manière générale : *Ce que l'on gagne en force, on le perd en chemin parcouru ; et réciproquement.*

La démonstration que nous venons de donner, suppose que les deux forces P et Q agissent perpendiculairement à la direction du bras de levier AB et AC. Si elles agissaient obliquement, on décomposerait chacune d'elles en deux autres forces, l'une agissant dans la direction même du bras de levier, l'autre agissant suivant la perpendiculaire à cette direction. La première composante n'aurait aucun effet, détruite qu'elle serait par le point fixe A; la seconde composante seule serait à considérer, et l'on rentrerait ainsi dans le cas précédent.

6. Plan incliné. — Parallèlement à la longueur AC du plan incliné ABC (fig. 95), agit une puissance P pour remonter un fardeau *a*, dont le poids ou la résistance est Q, agissant suivant la verticale, c'est-à-dire suivant une parallèle à la hauteur CB du plan incliné. Il s'agit de déterminer la relation entre les deux forces en jeu et les chemins parcourus par leurs points d'application suivant la direction de ces forces.

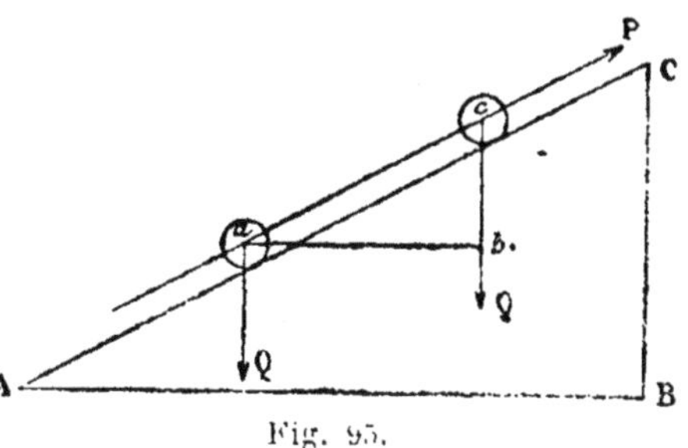

Fig. 95.

Lorsque le fardeau est remonté de *a* en *c* par l'action de la force P, le chemin parcouru suivant la direction de cette force est *ac*. D'autre part, le chemin parcouru suivant la verticale, direction de la force Q, est *bc*. Mais les deux triangles ABC et *abc* sont semblables et donnent :

$$\frac{ac}{bc} = \frac{AC}{BC}.$$

Le mouvement étant supposé uniforme, les forces P et Q sont les mêmes que dans l'état d'équilibre. Or, nous avons vu que, lorsqu'elle agit parallèlement à la longueur du plan incliné, la puissance P est à la résistance Q qu'elle équilibre, comme la hauteur du plan est à sa longueur. Donc : $\frac{Q}{P} = \frac{AC}{BC}.$

Ces deux égalités conduisent à :

$$\frac{ac}{bc} = \frac{Q}{P}; \text{ ou bien : } P.\,ac = Q.\,bc.$$

Ainsi le travail de la puissance et celui de la résistance sont égaux. Nous ferons remarquer encore que si

P est trois fois moindre que Q par exemple, le chemin parcouru par la puissance est de son côté trois fois plus grand que le chemin parcouru par la résistance. De la sorte, si l'on voulait, supposons, élever un fardeau à un mètre de hauteur à l'aide d'un effort trois fois moindre que le poids de ce fardeau, la puissance devrait parcourir une longueur de trois mètres dans le sens du plan incliné. Nous reconnaissons ainsi une seconde fois qu'un gain en force a pour conséquence inévitable une perte en chemin parcouru.

7. Poulie. — Moufle. — Si la poulie est fixe (fig. 64), la quantité dont s'allonge le cordon du côté de la puissance P est égale à la quantité dont il se raccourcit du côté de la résistance Q. Les chemins parcourus sont donc égaux. Mais les forces P et Q, telles que les réclame l'équilibre, sont aussi égales. Le travail est donc le même de part et d'autre.

Considérons maintenant la poulie mobile, dans le cas où les cordons sont parallèles. Si la puissance P (fig. 68) tire à elle une longueur l de cordon, la diminution de longueur porte à la fois, en parties égales, sur le cordon AP et sur le cordon OR, qui se raccourcissent l'un et l'autre de $1/2\ l$. Par conséquent, la résistance Q monte de $1/2\ l$. Ainsi la puissance P parcourt le chemin l, tandis que la résistance Q ne parcourt que $1/2\ l$. Mais, d'autre part, Q est le double de P. Le travail de la puissance est donc encore égal à celui de la résistance, et une puissance 1 surmonte une résistance 2 à la condition de parcourir un chemin double.

Soit enfin une moufle (fig. 69) à six cordons par exemple. Si la puissance tire à elle une longueur l, cette longueur en moins se répartit également entre les six cordons allant d'une poulie à l'autre. Chacun d'eux se raccourcit donc de $1/6\ l$, et par conséquent le poids monte de $1/6\ l$. La puissance parcourt ainsi un chemin six fois plus grand que celui de la résistance ; mais cette puissance est elle-même six fois moindre que la résistance. Le travail est donc le même pour l'une et pour l'autre.

8. Treuil. — Pendant que la barre T, à l'extrémité de laquelle agit la puissance F (fig. 96) fait un tour, $2\pi R$, la corde à laquelle est attaché le fardeau P s'enroule sur le cylindre et se raccourcit de $2\pi r$. Les chemins parcourus en même temps par la puissance et par la résistance sont ainsi :

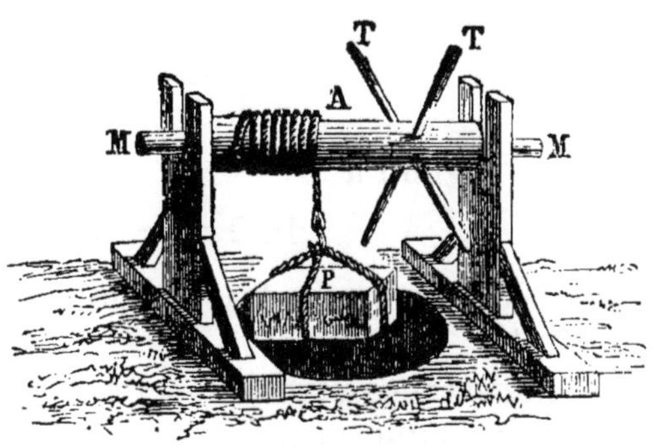

Fig. 96.

$$2\pi R \text{ et } 2\pi r.$$

Or, les conditions d'équilibre exigent :

$$\frac{F}{P}=\frac{r}{R}; \text{ ou bien : } FR = Pr$$

Multipliant de part et d'autre par 2π, on a :

$$F.\, 2\pi R = P.\, 2\pi r.$$

C'est-à-dire que le travail de la puissance est égal au travail de la résistance.

Le travail que nous venons d'obtenir pour un tour complet de la grande roue et du cylindre, s'applique évidemment à une fraction quelconque de tour : il suffirait de diviser les deux termes de l'égalité qui précède par tel nombre qu'il nous conviendrait de choisir.

9. Vis. — Pendant que la puissance déplace son point d'application, perpendiculairement à l'axe de la vis, et lui fait décrire une circonférence $2\pi l$, la résistance se déplace dans le sens de l'axe d'une quantité égale au pas h. Les chemins parcourus dans le même temps par la puissance et la résistance sont ainsi :

$$2\pi l \text{ et } h.$$

Mais les conditions d'équilibre sont :

$$\frac{P}{R}=\frac{h}{2\pi l}$$

Ce qui revient à :

$$P.\,2\pi l=R.\,h.$$

C'est-à-dire que le travail moteur est égal au travail résistant.

10. Résistances passives. — Dans ce qui précède, nous avons admis que la puissance ou force motrice dont on dispose, est intégralement employée à vaincre la résistance qu'il s'agit de surmonter ; mais il est loin d'en être ainsi, même avec les meilleures machines. A la résistance que l'on se propose de vaincre s'ajoutent forcément d'autres résistances, provenant du jeu même de l'appareil.

Les diverses pièces frottent les unes contre les autres ; et comme le corps même le mieux poli n'est jamais exempt de rugosités plus ou moins saillantes, une résistance naît de toute friction entre deux surfaces, dont les aspérités s'engagent entre elles mutuellement.

En second lieu, les cordes et les courroies, organes fréquents d'une machine, n'ont pas une flexibilité parfaite, qui leur permette de s'enrouler ou de se dérouler sans effort. A chaque instant, quelque force est dépensée pour les ployer ou les déployer. Enfin, le milieu dans lequel la machine se meut, l'air presque toujours, l'eau souvent, est ébranlé, mis en mouvement par le jeu de l'appareil, toujours aux dépens de la force motrice animant la machine.

Pour ces divers motifs réunis, le premier surtout, la puissance doit vaincre, outre la résistance que l'on a pour but de surmonter, d'autres résistances, dites *passives*, qui dépensent sans résultat utile une partie plus ou moins grande de la force motrice dont on dispose. Appelons *travail résistant utile* celui de la résistance qu'il faut vaincre, et représentons-le par Tu; appelons *travail résistant passif* celui qui correspond aux résistances passives provenant des imperfections inhérentes à tous nos appareils, et donnons-lui pour signe Tp; appelons enfin *travail moteur* celui de la force motrice ou de la puissance, travail que nous désignerons par Tm. Pour toute machine, on aura l'égalité suivante :

$$\mathrm{T}m = \mathrm{T}u + \mathrm{T}p.$$

Ainsi, dans la pratique, *le travail moteur est toujours plus grand que le travail résistant utile.*

Le rapport $\frac{\mathrm{T}m}{\mathrm{T}u}$ est ce qu'on nomme le *rendement* de la machine. Sa limite est l'unité, limite idéale dont les constructeurs cherchent à se rapprocher en diminuant le plus possible les résistances passives. Pour les meilleures machines, il varie de 0,6 à 0,8 ; c'est-à-dire qu'elles n'utilisent guère que de 6 à 8 dixièmes du travail moteur dépensé.

11. Conclusions. — On se ferait une idée très fausse d'une machine en la considérant comme un appareil propre à donner par lui-même, à créer du travail. La machine ne donne rien, ne crée rien : elle transforme. On peut la définir : *un appareil servant à transformer le travail des forces.*

On lui confie un certain travail moteur, représenté par une puissance et un chemin parcouru ; elle le rend sous forme d'un autre travail, représenté par une force et un chemin différents des premiers ; et dans les deux cas, le travail a même valeur, abstraction faite des déperditions dues aux résistances passives. Animée par une puissance supérieure à la résistance vaincue, elle accroît le chemin parcouru ; animée par une puissance inférieure, elle diminue le chemin. Elle permet donc, suivant le but que l'on se propose, de dépenser de la force pour gagner en vitesse, ou bien de dépenser de la vitesse pour gagner en force. Par son intermédiaire, vitesse et force se transforment l'une dans l'autre à notre gré ; mais il n'y a jamais création de l'une ou de l'autre sans dépense correspondante. En outre, l'équivalence n'a jamais lieu entre le travail moteur confié à la machine et le travail utile qu'elle rend sous une autre forme, car il faut largement tenir compte des résistances passives inévitables. La machine rend donc toujours, dans la pratique, moins qu'on ne lui donne. Elle transforme le travail moteur, avantage pour nous inappréciable ; mais elle le transforme constamment avec perte. L'inanité des recherches relatives au mouvement perpétuel, c'est-à-dire à des machines qui donneraient un travail utile sans dépenser un travail moteur équivalent, disons mieux supérieur, est la conséquence de ce principe capital, qui domine toute la mécanique.

FIN

TABLE DES MATIÈRES

PREMIÈRE PARTIE

ÉLÉMENTS DE STATIQUE

DEUXIÈME PARTIE

MACHINES SIMPLES

TROISIÈME PARTIE

ÉLÉMENTS DE CINÉMATIQUE ET DE DYNAMIQUE

F. Aureau. — Imprimerie de Lagny.

www.ingramcontent.com/pod-product-compliance
Ingram Content Group UK Ltd.
Pitfield, Milton Keynes, MK11 3LW, UK
UKHW022024170726
13837UKWH00001B/387